"十四五"时期国家重点出版物出版专项规划项目

食品科学前沿研究丛书

机器学习算法在食品科学中的应用

庞　杰　吉伟明　李　媛　主编

科学出版社

北　京

内 容 简 介

　　本书聚焦食品科学技术未来发展需求，将机器学习算法与食品科学技术紧密融合。以 Python 作为主要编程语言，依托 NumPy、Matplotlib 和 Pandas 等数据库，详细介绍卷积神经网络、朴素贝叶斯、人工神经网络、随机森林、决策树、线性回归、K 最近邻等核心算法。同时，以茶叶、水产品、食用菌、咖啡、挂面、魔芋葡甘聚糖水凝胶、预制菜等多个食品创新产业为例，全面系统地介绍了机器学习算法在食品科学领域的应用进展，为机器学习算法在食品科学研究领域的进一步发展提供了理论依据和技术支撑。

　　本书适用于食品科学领域的从业人员和科研工作者，同时也对食品科学与工程、食品生产与加工、计算机等相关专业的技术人员、教师和学生具有广泛的应用价值。

图书在版编目（CIP）数据

机器学习算法在食品科学中的应用/庞杰，吉伟明，李媛主编. —北京：科学出版社，2024.5

　　（食品科学前沿研究丛书）

　　"十四五"时期国家重点出版物出版专项规划项目

　　ISBN 978-7-03-078490-2

　　Ⅰ. ①机⋯　Ⅱ. ①庞⋯ ②吉⋯ ③李⋯　Ⅲ. ①机器学习-算法-应用-食品科学　Ⅳ. ①TS201

中国国家版本馆 CIP 数据核字（2024）第 092253 号

责任编辑：贾 超 纪四稳/责任校对：郝璐璐
责任印制：吴兆东/封面设计：东方人华

科学出版社 出版
北京东黄城根北街 16 号
邮政编码：100717
http://www.sciencep.com
固安县铭成印刷有限公司印刷
科学出版社发行　各地新华书店经销
*
2024 年 5 月第 一 版　开本：720×1000　1/16
2025 年 8 月第三次印刷　印张：12
字数：240 000
定价：118.00 元
（如有印装质量问题，我社负责调换）

丛书编委会

总主编：陈　卫

副主编：路福平

编　委（以姓名汉语拼音为序）：

<table>
<tr><td>陈建设</td><td>江　凌</td><td>江连洲</td><td>姜毓君</td></tr>
<tr><td>焦中高</td><td>励建荣</td><td>林　智</td><td>林亲录</td></tr>
<tr><td>刘　龙</td><td>刘慧琳</td><td>刘元法</td><td>卢立新</td></tr>
<tr><td>卢向阳</td><td>木泰华</td><td>聂少平</td><td>牛兴和</td></tr>
<tr><td>汪少芸</td><td>王　静</td><td>王　强</td><td>王书军</td></tr>
<tr><td>文晓巍</td><td>乌日娜</td><td>武爱波</td><td>许文涛</td></tr>
<tr><td>曾新安</td><td>张和平</td><td>郑福平</td><td></td></tr>
</table>

本 书 编 委 会

郭　震　福建农林大学

杨　东　福建农林大学

滕文静　福建农林大学

吴浈浈　福建农林大学

傅沁媛　福建农林大学

林　静　福建农林大学

廖　珺　福建农林大学

张恒哲　福建农林大学

张钦华　福建农林大学

孙祥云　福建农林大学

彭　诚　福建农林大学

陈庆惠　福建农林大学

贾　真　佛罗里达大学

张甫生　西南大学

王　林　清华大学

李源钊　武警工程大学

徐晓薇　福建农林大学

郭洋洋　福建农林大学

王胜楠　上海交通大学

叶伟建　江南大学

王雅立　福建中医药大学

童彩玲　福建农林大学

洪　馨　电子科技大学

邱　超　江南大学

林婉媚　西北农林科技大学

郭东起　新疆塔里木大学

姜纪伟　东北农业大学

祝艺嘉　浙江海洋大学

目　录

第1章

绪　　论

1.1　机器学习简史

1.1.1　机器学习技术概述

机器学习是指机器通过统计学算法，对大量历史数据进行分析，进而利用生成的经验模型分析、指导现有工作，预测未来结果的一门技术。它是一门多领域交叉学科，专门研究计算机怎样模拟或实现人类的学习行为，以获取新的知识或技能，重新组织已有的知识结构使之不断改善自身的性能。例如，根据过去的经验来判断明天的天气，"吃货"希望凭购买经验挑选一个好瓜，能不能让计算机帮助人类来实现这些功能呢？答案是肯定的。人的"经验"对应计算机中的"数据"，在程序设计自动控制下，让计算机来学习这些经验数据，生成一个根据所满足的条件来实现相应算法的模型，在面对新的情况中，计算机便能做出有效的判断，这便是机器学习。

1.1.2　机器学习历史发展

1. 机器学习与计算机

自 1946 年冯·诺依曼发明第一台计算机以来，科学家希望计算机不仅具有存储程序自动控制功能，且能像人一样具有自我学习和判断的能力，能在复杂环境中根据相应条件执行各式各样的任务以满足人们所需。而作为实现人工智能的重要途径之一，机器学习一直是该领域的研究热点。不少公司及大学投入了大量资源及精力去提高机器学习算法。截至目前，人工智能在某些领域中已经可以和人类"并驾齐驱"，例如，"阿尔法狗"又称 AlphaGo，是一款围棋人工智能程序，由谷歌旗下公司戴密斯·哈萨比斯团队开发，主要工作原理是"深度学习"。AlphaGo 有一层神经网络，会把大量矩阵数字作为输入，通过非线性激活方法取权重，另一个数据集合作为输出，基本上和生物神经大脑工作原理一样。AlphaGo

有两个大脑,是通过两个不同的神经网络大脑,合作来进行下棋的,这些大脑是多层神经网络,一个大脑作为落子选择器,另一个用来评估棋局。AlphaGo 究竟有多厉害呢? 2016 年 3 月,人机在韩国首尔展开了一次对战,这是一次可以写入历史的"人机大战"。这场大战持续了 5 天,受到了全世界的关注,比赛一方是谷歌 AlphaGo,另一方是世界围棋冠军韩国名将李世石,九段,棋王。AlphaGo 击败了棋王李世石。早在 1997 年,AlphaGo 的前辈,即国际商业机器公司(International Business Machines Corporation,BIM)开发的"深蓝"计算机,就击败过世界排名第一的国际象棋大师卡斯帕罗夫。AlphaGo 还有一个更厉害的地方,它并不是一个机械的程序编码,而是一个有"监督预判机制"的机器人。它每下一步棋,都会考虑到这种走法是不是更有前途,这种能力就类似于人类的"想象力",可能会预判到对手所有的步法,让对手无路可走。2017 年 5 月 AlphaGo 再次挑战柯洁(当时世界围棋排名第一),结局以 AlphaGo 三连杀完胜柯洁告终。

2. 机器学习模型的发展历程

唐纳德·赫布于 1949 年提出"突触前神经元向突触后神经元的持续重复的刺激,可以导致突触传递效能的增加",即赫布理论研究的是循环神经网络(recurrent neural network,RNN)中各节点之间的关联性。而 RNN 具有把相似神经网络连接在一起的特征,并起到类似于记忆的作用。赫布是如此描述赫布理论的:我们可以假定,反射活动的持续与重复(或称"痕迹")会引起神经元稳定性的持久性提升……当神经元 A 的轴突与神经元 B 之间距离非常近,且 A 对 B 进行重复持续的刺激时,这两个神经元或者它们的其中之一便会发生某些生长过程或代谢的变化,从而使得 A 刺激 B 的效率得到提高。到了 1952 年,IBM 的亚瑟·塞缪尔(Arthur Samuel,被誉为"机器学习之父")设计了一款可以学习的西洋跳棋程序。它能通过观察棋子的走位来构建新的模型,并用其提高自己的下棋技巧。塞缪尔和这个程序进行多场对弈后发现,随着时间的推移,程序的棋艺变得越来越高(唐杰,2020)。塞缪尔用这个程序推翻了以往"机器无法超越人类,不能像人一样写代码和学习"这一传统认识。而他对"机器学习"的定义是:不需要确定性编程就可以赋予机器某项技能的研究领域。

1958 年,具备神经科学背景的 Rosenblatt 提出了第二个模型——感知机(perceptron),它更接近于如今的机器学习模型。当时感知机的出现让不少人为之兴奋,因为它的可用性比赫布模型要高。Rosenblatt 是这样介绍感知机的:感知机可以在较简单的结构中表现出智能系统的基本属性,也就是说研究人员不需要再拘泥于具体生物神经网络特殊及未知的复杂结构。而 1960 年,Widrow 则提出了差量学习规则,且随即被应用到感知机模型中。差量学习规则又称"最小平方"问题,它与感知机结合在一起时可以创建出更精准的线性分类器。不过,Minsky

和 Papert（1987）给予感知机重重一击，他们提出的异或问题揭露出感知机的本质缺陷——无法处理线性不可分问题。此后，神经网络研究陷入了长达十多年的停滞中。1970 年，Linnainmaa 首次完整地叙述了反向模式自动微积分算法[反向传播（back propagation, BP）算法的雏形]，但在当时并没有引起重视。直到 Werbos于 1981 年提出将 BP 算法应用于神经网络以建立多层感知机后，神经网络的发展才得以提速。接着在 1985 年和 1986 年，多位神经网络学者也相继提出使用 BP算法来训练多层感知机的相关想法。其间，Quinlan 于 1986 年提出了著名的机器学习算法——决策树，也就是 ID3 算法，它也是机器学习领域的主流分支之一。另外，与"黑盒派"的神经网络编程器不同，ID3 算法就如发行软件一般，可以运用它的简单规则及清晰理论找到更多具有实际意义的应用场景。自 ID3 算法提出以来，有不少研究团队对它进行了优化改进（如 ID4、回归树、决策树等），至今，它依旧是机器学习领域的"活跃分子"之一。

如果要说机器学习最重要的突破，1995 年 Cortes 和 Vapnik 提出的支持向量机（support vector machine, SVM）便是其中之一。这种算法不但有坚实的理论基础，还有出色的实验结果。自此之后，机器学习这一领域便分成了两大流派，即神经网络和 SVM。不过，自 2000 年内核版的 SVM 被提出后，神经网络在这场竞争中逐渐处于下风。新版本的 SVM 在此前被神经网络垄断的领域中都取得了亮眼的成绩。另外与神经网络相比，SVM 的优势是具有凸优化、大边际理论、核函数方面的知识基础。因此，它能从不同的学科理论中汲取养分，从而加快自身的发展进程。而在 SVM 持续发展之际，神经网络再次受到了重创。Hochreiter在 1991 年的学位论文及 2001 年与其他研究人员合作发表的论文中表示，使用BP 算法时，神经网络的单元饱和之后系统会发生梯度损失（又称梯度扩散）。简单来说，就是训练神经网络模型时，超过一定的迭代次数模型将会产生过拟合。Freund 和 Schapire（1999）提出了另外一个有效的机器学习模型——Adaboost。它的核心思想是针对同一训练集训练不同的弱分类器，然后将它们集合起来，构建出更强的最终分类器（强分类器）。另外，Adaboost 为两位研究人员赢得了哥德尔奖。直至目前，Adaboost 依旧被不少领域采用，如面部识别和检测等。同时它也是可能近似正确（probably approximately correct, PAC）学习理论的实践模型之一。

总体来说，Adaboost 就是把多个不同的决策树用一种非随机方式组合的提升树。他们是这样介绍 Adaboost 的：我们研究的模型可以被解释为在一般决策场景下对已充分了解的预测模型进行大范围而抽象的扩展……。另外一种多决策树的组合模型则是由 Breiman（2001）提出的。这种模型中单个决策树由一个随机子集训练而得，而决策树中每一节点各选自这一随机子集。正是因为这些特点，这种算法被命名为随机森林（random forest，RF）。据了解，RF 可以避免过拟合现象的出现，这是 Adaboost 无法做到的。也就是说，与 Adaboost 相比 RF 更具优势。此外，RF 在许多运算任务中都有不错的变现（如 Kaggle 比赛）。RF 是一种树形集成分类器，森林中每棵决策树都依赖于独立采样的向量值，且具有相同的分布。当森林中决策树的数量足够多时，RF 的泛化误差将收敛于一个限制值内。时至今日，神经网络已经进入了一个名为"深度学习"的新时代。这种依赖于级联卷积神经网络的全新算法的出现预示着神经网络第三次大发展的开始。2005 年前后，包括 LeCun 等（1998）、Bengio 等（2006）、Hinton 等（2006）在内的多位研究人员纷纷发表了相关研究成果。

深度学习模型在诸多领域中都完胜当时最先进的算法，如物体识别、语音识别、自然语言处理等。不过，这绝对不代表机器学习将就此终结。尽管深度学习依然持续火热，但是这一模型同样存在不少缺点，如成本、参数调优等方面的问题。而且，SVM 凭借着自身的简洁性，目前依旧活跃于各大领域。

1.2　机器学习的应用

1.2.1　机器学习应用概述

在信息和大数据时代，基于人工智能的机器学习技术的应用无处不在，机器学习技术与人们的生活、工作息息相关，且时刻影响着人们的衣、食、住、行等方方面面。机器学习技术的应用主要包括图像识别、语音识别、流量预测、产品推荐、自动驾驶汽车、电子邮件中的垃圾邮件和恶意软件过滤、虚拟个人助理、在线欺诈检测等领域。

1.2.2　机器学习应用领域

1. 图像识别

机器学习中的图像识别技术是最常用也是最基础的应用之一，它主要用于识别：人，如防盗门锁等的开关；物，如机场、地铁等场所的安检。据资料统计，基于高清探头图像采集的机器学习对人脸识别准确率达到 95%以上。

2. 语音识别

自动语音转换为文字的方式在机器学习中也得到了广泛应用，我们使用手机发送信息时，就可以通过语音输入，然后转换为文字；在餐厅点餐或电话咨询时，机器学习算法中的语音识别也被广泛应用；语音识别无处不在。

3. 流量预测

如果想去一个新的地方，我们会借助高德地图、百度地图和微信等软件来导航，应用软件向我们显示正确的路径、缓慢移动或严重拥堵等情况并预测交通状况来预测交通是否畅通；若是绿色出行的共享单车，则通过定位系统应用程序和传感器实时定位车辆，规定运动轨迹等。

4. 产品推荐

机器学习被阿里巴巴、拼多多等多种电子商务和娱乐公司用于向用户推荐产品。每当我们在淘宝上搜索某些产品，或者在同一个浏览器浏览网页时，会获得同一个产品的广告，淘宝使用多种机器学习算法了解用户的兴趣，并推荐产品。同样，当我们使用腾讯视频时，也会被推荐一些节目，这也是借助机器学习完成的。

5. 自动驾驶汽车

机器学习最令人兴奋的应用之一是自动驾驶汽车，机器学习在自动驾驶汽车中发挥着重要作用，如特斯拉正在研发自动驾驶汽车。它使用非监督学习方法来训练汽车模型在驾驶时检测人和物体。另外，利用机器学习算法，百度在自动驾驶领域也很优秀，它早已经是一家人工智能公司。

6. 电子邮件中的垃圾邮件和恶意软件过滤

每当我们收到一封新邮件时，它都会被自动分类为重要邮件、普通邮件或垃圾邮件。在我们收到一封骚扰邮件，如明显的广告时，它会被自动归类为垃圾邮件，这一点其实谷歌邮箱做得很好，国内的 QQ 邮箱似乎没有做到这一点，不过短信可以做到，很多广告的短信能够被自动拦截，这背后的技术就是机器学习。

邮箱使用的垃圾邮件过滤器主要有内容过滤器、标题过滤器、常规黑名单过滤器、基于规则的过滤器、权限过滤器等。常见的机器学习算法有多层感知机、决策树和朴素贝叶斯分类器等都可用于电子邮件中的垃圾邮件和恶意软件过滤等方面。

7. 虚拟个人助理

顾名思义，虚拟个人助理能够帮助我们查询、查找相关信息。这些虚拟个人助理可以通过语音指令以各种方式帮助我们，使用机器学习算法作为重要组成部分，记录我们的语音指令，通过云服务器发送，并使用机器学习算法对其进行解码并采取相应的行动，如播放音乐、给某人打电话、打开电子邮件、安排约会等，常用的虚拟个人助理有小米开发的小爱同学、阿里巴巴开发的小蜜等。

8. 在线欺诈检测

机器学习通过检测欺诈交易使我们的在线交易安全可靠。每当我们进行一些在线交易时，可能会有各种方式发生欺诈性交易，如假账户、假身份证和在交易过程中偷钱。因此，为了检测这一点，前馈神经网络通过检查它是真实交易还是欺诈交易来帮助我们。

对于每一笔真正的交易，输出都会被转换成一些散列值，这些值成为下一轮的输入。对于每笔真实交易，都有一个特定的模式会使欺诈交易发生变化，因此检测到它会使我们的在线交易更加安全。

1.3 机器学习算法的实现

1.3.1 机器学习算法定义

机器学习是人工智能技术的基础，它使计算机系统能够从数据中获得经验并提高其自身性能，基于算法建模，通过数据训练并做出预测或决策（Rohit et al.，2022）。机器学习算法就是企图从大量历史数据中挖掘出其中隐含的规律，以达到预测或分类的目的。机器学习算法是一种能够赋予机器学习的能力以此让它完成直接编程无法完成的功能的方法；机器学习算法还能基于大量数据集，找出数据集的相同特征值，通过数据集达到训练的目的，得出相应模型，然后使用模型来分类、预测。

1.3.2 常用的机器学习算法

1. 机器学习算法分类

根据算法原理、任务和应用场景的不同，其分类也不同。根据机器学习的任务及应用情况的不同，通常把机器学习算法分为如下三大类。

1）监督学习

监督学习（supervised learning，SL）的工作原理是使用带标签的训练数据来学习输入变量转化为输出变量的映射函数，换句话说就是求解方程的过程。

进一步，监督学习又可细分为如下三类：

回归（regression），即预测一个值，如预测降水量、房价等，较基础的算法有线性回归。

分类（classification），即预测一个标签，如预测"生病"或"健康"、图片上是哪种动物等，较基础的算法有逻辑回归、朴素贝叶斯分类器、K 最近邻算法。

集成（ensembling），它将多个单独的机器学习模型的预测结果结合起来，以产生更准确的预测结果，其算法有 Bagging 中的随机森林、Boosting-XGBoost。

2）非监督学习

非监督学习（unsupervised learning，UL）的工作原理是从无标签的训练数据中学习数据的底层结构。进一步，非监督学习又可细分为如下三类：

关联（association），即发现集合中项目同时出现的概率，如通过分析超市购物篮，发现啤酒总是和尿片一起购买（啤酒与尿片的故事），较基础的算法有 Apriori。

聚类（clustering），即对数据进行分组，以便组内对象比组间对象更相似，较基础的算法有 K 均值（K-Means）聚类。

降维（dimensionality reduction），即减少数据集变量的数量，同时保证重要的信息不丢失。降维可以通过特征提取方法和特征选择方法来实现，特征提取是执行从高维空间到低维空间的转换，特征选择是选择原始变量的子集，较基础的算法有主成分分析（principal component analysis，PCA）。

3）强化学习

强化学习（reinforcement learning，DL）是让智能体（agent）根据当前环境状态，通过学习能够获得最大回报的行为来决定下一步的最佳行为。

2. 经典机器学习算法

算法是逻辑思维结构的具体表述，是程序设计的首要任务，是实现其具体功能的基础，程序设计具体功能通过算法连接起来，程序设计的具体功能是算法的体现，算法通过程序功能来实现，算法与数据处理功能紧密结合，算法直接决定程序是否能达到预期目标程序功能及优劣。

经典机器学习算法有如下几种。

1）线性回归

线性回归（linear regression）为变量分配最佳权重，以创建一条直线或一个平面或更高维的超平面，使得预测值和真实值之间的误差最小。

2）逻辑回归

逻辑回归（logistic regression）将数据拟合到 logit 函数中，所以也称为 logit 回归，简单来说就是基于一组给定的变量，用 logistic 函数来预测这个事件的概率，给出一个介于 0 和 1 之间的输出。

3）线性判别分析

逻辑回归是一种传统的分类算法，它的使用场景仅限于二分类问题。如果有两个以上的类，那么线性判别分析（linear discriminant analysis，LDA）就是首选的线性分类技术。

线性判别分析的表示方法非常直接，它包含为每个类计算的数据统计属性。对于单个输入变量，这些属性包括每个类的均值、所有类的方差。线性判别分析预测结果是通过计算每个类的判别值并将类别预测为判别值最大的类而得出的。该技术假设数据符合高斯分布（钟形曲线），因此最好预先从数据中删除异常值。

4）朴素贝叶斯分类器

朴素贝叶斯分类器（naïve Bayes model）是一种基于贝叶斯定理的分类方法，它假设一个类中的某个特征与其他特征无关。

5）K 最近邻算法

K 最近邻（K-nearest neighbor，KNN）算法是用于分类和回归的机器学习算法（主要用于分类）。它考虑了不同的质心，并使用欧几里得函数来比较距离。接着分析结果并将每个点分类到组中，以优化它，使其与所有最接近的点一起放置。它使用 K 个最近邻的多数票对数据进行分类预测。

6）学习向量量化

K 最近邻算法的一个缺点是需要处理整个训练数据集。而学习向量量化（learning vector quantization，LVQ）算法允许选择所需训练实例数量，并确切地学习这些实例。学习向量量化的表示是一组码本向量。它们在开始时是随机选择的，经过多轮学习算法的迭代后，最终对训练数据集进行最好的总结。通过学习，码本向量可被用来像 K 最近邻算法那样执行预测。通过计算每个码本向量与新数据实例之间的距离，可以找到最相似的邻居（最匹配的码本向量）。然后返回最匹配单元的类别值（分类）或实值（回归）作为预测结果。如果将数据重新放缩放到相同的范围中（如 $0\sim1$），就可以获得最佳的预测结果。

7）决策树

决策树用于遍历，并将重要特征与确定的条件语句进行比较。它是降到左边的子分支还是降到右边的子分支取决于运算结果。通常，更重要的特性更接近决策树的根节点，它可以处理离散变量和连续变量。

8）随机森林

随机森林是决策树的集合。先随机采样数据点构造树，再随机采样特征子集进行分割。每棵树代表一个分类，得票最多的分类在森林中获胜，为数据点的最终分类结果。

9）支持向量机

支持向量机将数据映射为空间中的点，使得不同类别的点可以被尽可能宽的间隔分隔开，对于待预测类别的数据，先将其映射至同一空间，并根据它落在间隔的哪一侧来得到对应的类别。

10）*K*-Means 聚类

K-Means 聚类将数据划分到 *K* 个聚类簇中，使得每个数据点都属于离它最近的均值（即聚类中心）对应的聚类簇。最终，具有较高相似度的数据对象划分至同一类簇，将具有较高相异度的数据对象划分至不同的类簇。

11）主成分分析

主成分分析是一种常用的降维技术，顾名思义，它能帮助我们找出数据的主要成分，主成分基本上是线性不相关的向量，用选出的 *K* 个主成分来表示数据，来达到降维的目的。

12）人工神经网络

人工神经网络（artificial neural network，ANN）从信息处理的角度对人脑神经元网络进行抽象，建立某种简单模型，按不同的连接方式组成不同的网络。在工程与学术界也常直接简称为神经网络或类神经网络。人工神经网络是一种运算模型，由大量的节点（或称神经元）之间相互连接构成。每个节点代表一种特定的输出函数，称为激励函数（activation function）。每两个节点间的连线代表从其中一个节点到另一个节点的连接信号的加权值，称为权重，这相当于人工神经网络的记忆。网络的输出则依网络的连接方式、权重值和激励函数的不同而不同。而网络自身通常都是对自然界某种算法或者函数的逼近，也可能是对一种逻辑策略的表达。

13）卷积神经网络

卷积神经网络（convolutional neural network，CNN）是一种深度学习模型或类似于人工神经网络的多层感知机，常用来分析视觉图像，是一类包含卷积计算且具有深度结构的前馈神经网络（feedforward neural network），是深度学习（deep learning）的代表算法之一，卷积神经网络具有表征学习（representation learning）能力，能够按其阶层结构对输入信息进行平移不变分类（shift-invariant classification），因此也称为平移不变人工神经网络（shift-invariant artificial neural network，SIANN）。

1.4 食品科学

1.4.1 食品科学概述

食品科学定义为应用基础科学及工程知识来研究食品的物理、化学、生化性质及食品加工原理的一门科学。

1.4.2 食品科学分类

食品科学根据加工原理和结构分为食品化学、食品工程、食品微生物学等几个分支，具体描述如下。

1. 食品化学

食品化学从化学角度和分子水平上研究食品的化学组成、结构、理化性质、营养和安全性质，以及食品在生产、加工、储存和运销过程中的变化及其对食品品质和食品安全性的影响，是为改善食品品质、开发食品新资源、革新食品加工工艺和储运技术、科学调整膳食结构、改进食品包装、加强食品质量控制及提高食品原料加工和综合利用水平奠定理论基础的学科。

2. 食品工程

食品工程是粮食、油料加工，食品制造和饮料制造等工程技术领域的总称，一般会从事食品生物技术、食品化学及应用、食品加工与保藏、食品检测与分析、食品分离与重组、粮食与油脂加工、水产品加工、畜产品加工、果蔬加工、食品机械与包装、功能性食品的理论研究和技术开发。

3. 食品微生物学

食品微生物学是微生物学的分支学科，它是从工业微生物学、微生物生态学和卫生学中转化出来的，主要研究微生物与食品制造、保藏等方面的内容。

1.4.3　食品科学发展趋势

1. 中国食品工业发展趋势

中国食品工业进入 21 世纪以来，始终保持着持续、快速发展的趋势。从我国食品经济结构分析，食品业市场化程度逐步提高，食品行业协会作用优势得以显现；食品产业链相对完整，众多中小食品企业在县、镇、乡形成产业集群，相互协助；我国国民经济增长和居民可支配收入提高，对食品业的消费需求存在巨大增长空间，内需则作为食品行业发展的主要动力。2019～2022 年，在新冠肺炎疫情影响下，食品业发展不平衡和不足的问题凸显，我国通过扩大内需，推进供给侧结构改革，使食品业的结构调整和转型取得新的进展。

深入贯彻绿色发展理念是"十四五"时期经济社会发展必须遵循的一条基本原则，同时也对发展绿色食品提出了明确要求。依据《中华人民共和国国民经济和社会发展第十四个五年规划和 2035 年远景目标纲要》，食品产业中发展绿色食品对于保护生态环境、提高农产品质量水平和满足人民美好生活期待等，具有现实意义和深远的影响。

我国始终把食品安全摆在突出重要位置。当前，我国食品安全与营养工作仍面临较多的困难与挑战，农药兽药残留、食品添加剂超标和制假售假等问题依然存在，食品行业新业态、新资源的潜在风险增多。因此，我国食品坚持以人民健康为中心，以推动高质量发展为主题，以满足人民日益增长的美好生活需求为根本目的，生产安全、健康和营养的食品。

2. 近十年我国食品冷链物流需求总量大幅提高

据央视网消息：中国物流与采购联合会发布《中国冷链物流发展报告（2022）》。报告显示，随着我国城乡居民消费水平和消费能力不断提高，冷链物流的需求持续旺盛。根据报告，2021年冷链物流市场规模突破4586亿元，同比增长19.65%。其中，经初步测算，2021年我国食品冷链物流需求总量达3.02亿吨，比2020年增长3727万吨。十年间我国食品冷链物流需求总量增幅超过了300%。随着国家陆续出台支持冷链物流发展的相关政策，包括冷藏车、冷库在内的冷链物流基础设施得到完善，冷链产业成为健全城乡双向流通体系、推动乡村振兴和共同富裕的重要抓手。2021年，国内冷库容量突破1.96亿立方米，冷藏车保有量超过34万辆。从地域分布来看，冷链仓储资源集中在东中部地区，西南和东北地区仓储企业加速发展，区域不平衡局面正在改善。

1）居民消费升级和食品安全意识提高

在冷链出现之前，我国食品的质量和新鲜度并不乐观。在中国的农产品中，仅水果和蔬菜每年的损失就超过1000亿元。生鲜食品的流失不仅影响农民和商家的利益，也难以满足消费者的需求。更重要的是，目前我国综合冷链流通率很低，而欧美冷链流通率可达95%以上，冷链物流的发展不容忽视。

2）冷链物流在医药物流领域的应用

医药流通领域的冷链物流市场也有了显著发展，在流通过程中，药品尤其是疫苗的运输需要整个冷链。一旦运输过程中出现温度异常，将会产生不可逆的后果。越来越多的企业入驻医药冷链运输领域，带动了医药冷链物流的进一步发展。中国一线城市的现代零售渠道占比接近60%，未来国内消费品供应链的渠道一定会从传统渠道向现代渠道过渡。冷链物流和现代零售渠道在易腐食品流通过程中有交集，所以随着城市居民的增加和现代零售业的兴起，冷链物流的大规模技术创新和普及将成为大概率事件。

3）城市化道路不断推进和城市人口持续增加

在城市居民的食物结构中，易腐食品占比较大，储运离不开冷链。根据发达国家的经验，人均可支配收入提高到4000美元，将逐步释放对冷冻冷藏食品的需求，促进冷冻冷藏食品的消费和冷链产业的建设与发展。随着城市化水平加快、人民收入提高和生活节奏加快，人们对标准化冷链产品的需求将不断增加，这将促进冷链行业持续稳定发展。

3. 食品工业运行中的新情况

十多年来，食品工业始终处在快速发展状态，满足了人民生活提高的需求，促进了食品消费结构的变革和发展。但从 2022 年食品工业的发展情况分析，也出现了一些值得关注的新情况，需要认真加以研究解决。

1）乳品制造业的发展显现疲态

中国乳品制造业的超高速发展一直是全球乳业生产的一大亮点，在世界奶类生产以 1%～2% 的速率缓慢增长的同时，中国乳品制造业却以超过 30% 的速率高速发展。2022 年中国乳制品产量继续保持快速增长的趋势，而乳制品消费的增幅开始放缓。综合各方面的信息，可以认为乳品制造业的发展开始出现新的拐点。

2）提高肉类生产水平确保食品安全刻不容缓

中国是肉类生产、消费大国，畜牧业资源和肉类生产在全球占有重要位置，肉制品加工业也是我国的优势产业之一。经过多年发展，我国肉食消费水平已经与欧洲国家、日本相当，甚至比日本的肉食消费水平还要高。但是，肉类工业技术水平与发达国家存在明显差距。因此，加快大型肉类食品企业的发展步伐，逐步推广国际先进水平的生产装备和工艺技术，从整体上提升肉类生产水平，确保食品安全是刻不容缓的任务。

3）食品工业发展与居民营养健康需求不相适应

2004 年 10 月 12 日国务院新闻办公室发布了《中国居民营养与健康现状》的调查报告，发现我国居民营养与健康状况还存在一些值得关注的问题：城市居民畜肉及油脂消费过多，谷类食物消费偏低；钙、铁、维生素 A 等营养素摄入普遍偏低；高血压、糖尿病、血脂异常、超重及肥胖率均较高并呈上升趋势。调查报告还特别指出，饮酒与高血压和血脂异常的患病危险密切相关。这一状况充分表明食品工业发展中确实存在一些值得引起重视的问题：目前市场上缺乏按营养平衡要求生产的早、中、晚餐的制成品，也缺乏满足特殊人群需求的制成品；许多食品企业并没有按照居民营养与健康要求进行合理配方，也没有做到采用先进的加工技术，对原料成分进行合理搭配；食品制造过程中，未充分考虑原料营养素的保护和利用，加工技术、方式和设备利用不当造成营养素大量流失；营养强化食品生产没有受到应有的重视；大豆能降低冠心病风险，纤维类（水果、蔬菜、谷类中）和可溶性纤维（燕麦、洋车前草种皮）也能减少冠心病风险，而食品工业对大豆、蔬菜、水果、燕麦等富营养食品的研究开发远远不够。

4. 食品工业发展趋势

当今食品消费已经由量的追求转向对质的追求，向着质量、营养、方便、安全的目标转变，食品消费结构变化加剧，对食品制成品的需求迅速增加。食品生产企业必须牢牢把握新时期食品工业发展的变化趋势，顺应消费市场的需求，制订既有一定前瞻性又具有可操作性的发展规划。今后几年食品工业生产和消费趋势主要表现在以下几个方面。

1）方便食品的发展和产品的多样化是今后食品工业发展的重要特征

当前我国食品工业主要还是以农副食品原料的初加工为主，精深加工程度较低，食品制成品水平低。市场上缺乏符合营养平衡要求的早、中、晚餐方便食品，也缺乏满足特殊人群营养需求的食品。居民收入水平的提高，生活方式的变化，生活节奏的加快，使得简便、营养、卫生、经济、即开即食的方便食品市场潜力巨大。消费群体结构的变化，也对食品方便化提出了新的要求，第七次全国人口普查数据显示，2020 年我国常住人口城镇化率达到 63.89%，城镇居民对食品消费的数量、质量、品种和方便化必将有更多、更高的要求。所以，各种方便主食品，肉类、鱼类、蔬菜等制成品和半成品，快餐配餐，谷物早餐，方便甜食以及休闲食品等和针对不同消费人群需求的个性化食品，在相当长的一段时间内都将大有文章可做。方便食品的发展是食品制造业的一场革命，始终是食品工业发展的推动力。

2）膳食结构的转型

人类膳食结构的变迁大体上经历了五次大的变革。第一次变革：旧石器时代火的利用，人类的食物由生变为熟，人们吃食物很杂，食谱比较广泛。第二次变革：新石器时代，随着农业的起源，人类的食物有了保障，食品加工技术也有所提高，但食物集中于少数动植物，容易发生营养缺乏病。第三次变革：16~17 世纪，随着世界范围内作物和家畜的大交流，食品资源大幅度增加。第四次变革：进入 18 世纪，膳食中动物性食物比例逐渐增大，人类的营养状况有了很大改善，人均寿命普遍延长。第五次变革：发生在 20 世纪，发达国家动物性食物进一步增加，随之，疾病谱发生变化。

不同国家食物消费量和膳食结构的模式不同，加之气候和种/养殖环境因素的影响所以膳食结构也有所不同，我国居民的膳食结构正处于温饱型到营养型的转型期，对营养合理、符合健康要求的食品需求十分迫切。食品生产要注重开发营养搭配、科学合理的新产品，开发营养强化食品和保健食品，既要为预防营养缺乏症服务，又要为防止因营养失衡造成的慢性非传染性疾病服务。发展营养强化食品，减少营养缺乏性疾病，目前已知较为廉价、长远的解决方案是在居民普遍消费的食品中添加普遍缺乏的维生素和矿物质。

我国面粉和大米营养强化工作应纳入国家和地方发展计划，面包、饼干、方便面、挂面、速冻主食等食品生产原料都应逐步使用营养强化面粉和米粉。要继续做好牛奶、酱油、食用植物油的营养强化工作，改善居民普遍缺乏钙、铁和维生素 A 等营养素的状况。乳制品生产要继续增加婴幼儿配方奶粉和中老年专用奶粉的比例，同时要发展婴幼儿辅助食品生产。液体奶制品生产也要按照不同人群的需求进行营养强化，逐步提高营养强化奶的比例，开发大豆等富营养食品改善居民健康状况。大豆蛋白质中氨基酸组分比较完全，赖氨酸含量高，不含胆固醇，可作为心血管病患者的蛋白质营养食品。大豆磷脂可促进脂肪代谢；大豆皂甙可降低胆固醇，促进脂肪分解；大豆异黄酮具有较强的抗氧化活性；大豆多肽可清除体内自由基。大豆种植及大豆制品开发是"十四五"食品工业发展中一项十分紧迫的任务。首先要发展传统豆制品生产，以此增加居民豆制品的摄入量；其次要在发展牛奶的同时，提倡居民消费豆浆、豆奶、豆奶粉、酸豆乳。大豆粉较大程度地保留了大豆的功能因子，而且更经济，可以把它当作"营养素"添加到各种食品中去，如蒸煮面食、焙烤食品、婴幼儿食品、快餐、冷食等；再次，适当发展分离蛋白、组织蛋白、浓缩蛋白，满足食品生产需要。还有蔬菜、水果、谷类、橄榄油、山茶油、红花油等可减少冠心病风险，应该优先发展。

3）重视功能（保健）食品的发展

世界卫生组织公布的一项调查表明,全世界亚健康人口的比例已经占到75%。目前公众最为关心的健康领域是控制体重、增强免疫力、抗氧化及营养补充剂。2012～2022 年，全球功能食品市场规模年均复合增长率达 4%左右，行业规模呈增长趋势，预测 2023～2028 年的复合年增长率为 2.71%，功能食品成为 21 世纪食品工业发展的重点之一。按照我国经济发展和居民收入水平，功能食品发展有着较大的空间，就 2023 年线上功能食品市场销售而言，同比增长了 32.3%，功能食品行业发展趋势乐观。

4）食品安全管理水平的提高

食品安全是食品生产经营者的第一要务，党中央、国务院对食品安全问题高度重视，近年来已经实施了一系列旨在确保食品安全和质量的行动计划，使得食品安全形势日渐趋好。尽管如此，当前食品安全形势依然严峻。因此，为确保食品安全，企业应当加强自我检验检测，充分发挥食品业主自主进行检测的积极性。要对食品供应链进行全程监控。同时，要开展多形式、多层次的教育与培训工作，加强在职人员的培训、考核工作，加快培养食品安全管理方面的专门技术人才，提高食品企业食品安全管理的整体水平。

5）先进技术将在食品工业中得到广泛应用

目前，我国食品工业总体水平仍然较低，产业规模不大，企业规模不经济，生产集中度低，小而散的情况比较突出，食品生产技术水平相对落后。所以，企业要在竞争中赢得主动、处于不败之地，唯一的出路就是要加快技术创新。食品企业的技术开发、新产品开发将成为企业增强产品应变能力和竞争能力的首要条件。电子技术、生物技术、膜分离技术、超临界萃取技术、冷冻干燥技术、超高温瞬时灭菌技术及无菌包装技术等高新技术，将在食品工业生产和产品开发中得到广泛应用，大大改变传统食品工业的面貌，提高食品的科技含量，加快食品工业的发展进程。

6）循环经济是食品工业发展的必由之路

循环经济，就是经济发展与环境保护结合的新型模式。如果说清洁生产是循环经济的第一阶段，那么生态工业则是在更高层次和更大范围内提升和延伸了环境保护的内涵，是循环经济发展的第二阶段，最终全社会要实现可持续消费。食品企业应投入更多的人力、物力和资金在生产过程中防治污染，提高资源利用率，大力促进资源的综合利用，在资源开发中大力提高资源综合开发和回收利用率，回收和循环利用各种废弃资源，变无用为有用，变小用为大用，变一用为多用，实现农产品的深度加工，提高农产品的经济效益和生态效益。

参 考 文 献

李春光, 廖晓峰, 吴中福, 等. 2000. 一种复数赫布型学习算法及其在自适应 IIR 滤波器中的应用. 信号处理, (4): 332-337.

唐杰. 2020. 人工智能报告之机器学习. 北京: 中国工程院知识智能联合研究中心.

Bengio Y, Lamblin P, Popovici D, et al. 2006. Greedy layer-wise training of deep networks. Proceedings of the 19th International Conference on Neural Information Processing Systems: 153-160.

Breiman L. 2001. Random forests. Machine Learning, 45: 5-32.

Caporale N, Dan Y. 2008. Spike timing-dependent plasticity: A Hebbian learning rule. Annual Review of Neuroscience, 31: 25-46.

Cortes C, Vapnik V. 1995. Support-vector networks. Machine Language, 20(3): 273-297.

Freund Y, Schapire R E. 1999. A short introduction to boosting. Journal of Japanese Society for Artificial Intelligence, 14(5): 771-780.

Hebb D O. 1949. The Organization of Behavior. New York: Wiley & Sons.

Hinton G E, Osindero S, Teh Y W. 2006. A fast learning algorithm for deep belief nets. Neural Computation, 18(7): 1527-1554.

Horgan J. 1994. Neural eavesdropping. Scientific American, 270(5): 16.

LeCun Y, Bottou L, Bengio Y, et al. 1998. Gradient-based learning applied to document recognition. Proceedings of the IEEE, 86(11): 2278-2324.

Linnainmaa S. 1970. The representation of the cumulative rounding error of an algorithm as a Taylor expansion of the local rounding errors. Helsinki: University of Helsinki.

Minsky M, Papert S A. 1987. Perceptrons. Cambridge: MIT Press.

Rohit R, Kumar K N, Sandeep K, et al. 2022. Data Mining and Machine Learning Applications. New York: John Wiley & Sons, Inc.

Rosenblatt F. 1958. The perceptron: A probabilistic model for information storage and organization in the brain. Psychological Review, 65(6): 386-408.

第 2 章

机器学习算法

2.1　机器学习算法简介

机器学习是一门多领域交叉学科，涉及概率论、统计学、逼近论、凸分析、算法复杂度理论等多门学科（Yogini et al., 2023），是一门研究计算机模拟或实现人类学习行为的学科，基于现有知识信息和数据以获取新的知识或技能，利用已有数据信息分析或重新组织已有的知识结构使之不断完善自身的性能。它是人工智能的基础和核心，是使计算机具有人工智能的根本途径（Bernstein, 2022）。

2.1.1　机器学习算法特点

算法是处理信息的流程结构描述，是程序设计和数据处理的核心，是机器学习的灵魂，就如操作系统是软硬件的核心一样。操作系统是软硬件系统中的第一个软件，其原因是操作系统是软硬件的管理者，是人机交互的桥梁。算法是程序设计的核心，机器学习算法是使机器或程序运行的灵魂（Deng et al., 2022）。

根据学习能力和是否依据标记比对来实现其算法的功能，机器学习分为以下几类（Deng et al., 2022；Charalampakis and Papanikolaou, 2021；Liu, 2021）如图 2-1 所示。

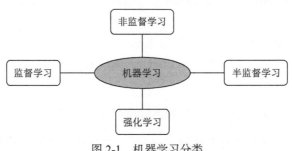

图 2-1　机器学习分类

1. 监督学习

在监督学习（supervised learning）中，算法从标记的训练数据中学习。标记的数据就是输入数据与其对应的输出数据或标签。常见的监督学习算法有决策树、随机森林、线性回归、逻辑回归、支持向量机、神经网络等。

2. 非监督学习

在非监督学习（unsupervised learning）中，算法从未标记的训练数据中学习。它的目标是找到数据中的结构和模式。常见的非监督学习算法有 K-Means、层次聚类、DBSCAN（基于密度的聚类算法）、主成分分析等。

3. 半监督学习

半监督学习（semi-supervised learning）结合了监督学习和非监督学习的特点，算法从部分标记的训练数据中学习。

4. 强化学习

在强化学习（reinforcement learning）中，智能体通过与环境的交互进行学习。它执行一系列的行动，并根据环境反馈的奖励或惩罚来调整其行为。强化学习在游戏、自动驾驶等领域有广泛应用。

这些算法可以应用于各种任务，包括分类、回归、聚类、降维等，选择哪种类型的机器学习算法取决于问题的性质、可用数据的类型以及目标任务的特定需求。

2.1.2　机器学习算法发展史

根据其理论逻辑，机器学习实际上已经存在了几个世纪。追溯到 17 世纪，贝叶斯、拉普拉斯关于最小二乘法的推导和马尔可夫链，构成了机器学习广泛使用的工具和基础。1950 年（图灵提议建立一个学习机器）到 2000 年初（有深度学习的实际应用，如 2012 年的 AlexNet），机器学习有了很大的进展（Diao et al., 2021）。

自 20 世纪 50 年代研究机器学习以来，根据不同时期的研究途径和目标，机器学习划分为以下四个阶段（Andrianov and Nick, 2021; Jain, 2021; Shima et al., 2021）。

1. 第一阶段（20 世纪 50 年代中叶到 60 年代中叶）

这个时期主要研究"有无知识的学习"，主要研究系统的执行能力，通过对机器的环境及其相应性能参数的改变来检测系统所反馈的数据，就好比给系统一个程序，通过改变它们的自由空间作用，系统将会受到程序的影响而改变自身的组织，最后这个系统将会选择一个最优的环境生存。在这个时期最具代表性的研究就是亚瑟·塞缪尔的下棋程序，但这种机器学习方法还远远不能满足人类的需要。

2. 第二阶段（20 世纪 60 年代中叶到 70 年代中叶）

这个时期主要研究将各个领域的知识植入系统中，目的是通过机器模拟人类学习的过程，同时采用图结构及其逻辑结构方面的知识进行系统描述。在这一阶段，主要是用各种符号来表示机器语言，研究人员在进行实验时意识到学习是一个长期的过程，从这种系统环境中无法学到更加深入的知识，因此研究人员将各专家学者的知识加入系统中，经过实践证明这种方法取得了一定的成效。这一阶段的代表性工作有 Hayes-Roth 和 Winson 的结构学习方法。

3. 第三阶段（20 世纪 70 年代中叶到 80 年代中叶）

这一阶段称为复兴时期，在此期间，人们从学习单个概念扩展到学习多个概念，探索不同的学习策略和学习方法，且在本阶段已开始把学习系统与各种应用结合起来，并取得很大的成功。同时，专家系统在知识获取方面的需求也极大地刺激了机器学习的研究和发展。在出现第一个专家学习系统之后，示例归纳学习系统成为研究的主流，自动知识获取成为机器学习应用的研究目标。1980 年，在美国的卡内基梅隆大学召开了第一届机器学习国际研讨会，标志着机器学习研究已在全世界兴起。此后，机器学习开始得到了大量的应用。1984 年，Simon 等 20 多位人工智能专家共同撰文编写的 *Machine Learning* 文集第二卷出版，国际性杂志 *Machine Learning* 创刊，更加显示出机器学习突飞猛进的发展趋势。这一阶段代表性的工作有 Mostow 的指导式学习、Lenat 的数学概念发现程序、Langley 的 Bacon 程序及其改进程序。

4. 第四阶段（20 世纪 80 年代中叶至今）

这一阶段的机器学习具有如下特点：

（1）机器学习已成为新的学科，它综合应用心理学、生物学、神经生理学、数学、自动化和计算机科学等形成了机器学习的理论基础。

（2）融合了各种学习方法，且形式多样的集成学习系统研究正在兴起。

（3）机器学习与人工智能各种基础问题的统一性观点正在形成。

（4）各种机器学习方法的应用范围不断扩大，部分应用研究成果已转化为产品。

（5）与机器学习有关的学术活动空前活跃。

机器学习技术以深度学习为代表借鉴人脑的多分层结构、神经元的连接交互信息的逐层分析处理机制，自适应、自学习的强大并行信息处理能力，在很多方面获得了突破性进展。

2.1.3 机器学习算法基本结构

机器学习算法主要有以下几个基本组成部分，如图 2-2 所示。

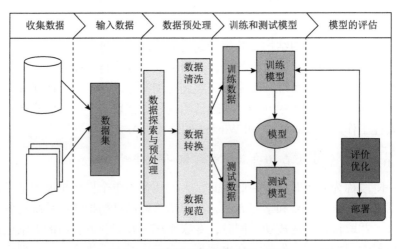

图 2-2　机器学习算法基本组成部分

数据集（dataset），即被处理的数据集合，是机器学习算法的输入部分。数据集通常分为训练集、验证集和测试集。机器学习算法从训练集中学习并通过验证集进行调优，最后在测试集上评估其性能。

模型（model），即数据处理的方法，这是机器学习算法的核心。模型根据其接收的输入数据做出预测判断或决策处理。常见的机器学习模型包括线性回归、决策树、神经网络等。

损失函数（loss function），即通过算法描述调整偏差范围的方法，这是机器学习算法评估预测性能的方法。损失函数衡量的是模型的预测结果与真实值之间的差异。常见的损失函数包括均方误差、交叉熵损失等。

优化算法（optimization algorithm），即基于算法的提炼，这是机器学习算法用来更新模型参数的方法。常见的优化算法包括随机梯度下降、Adam、RMSprop 等。

评价指标（evaluation metrics），即衡量算法是否达标的参数集合，这是用于衡量模型在测试集上的表现的指标。常见的评价指标包括精确率、召回率、曲线下面积（area under the curve，AUC）等（Diao et al., 2021）。

以上就是机器学习算法的基本结构。值得注意的是，不同类型的机器学习任务（如分类、回归、聚类等）可能需要使用不同的模型、损失函数和评价指标。

2.2　机器学习算法分类

2.2.1　基于学习策略

策略即根据现有情况做出相应调整的方法，在学习过程中系统所采用的推理策略是基于数理统计知识的，在机器学习中，学习策略是一个不容忽视的内容。而通常来说一个学习系统总是由学习和环境两部分组成，由环境提供信息，学习部分则实现信息转换，用能够理解的形式记忆下来，并从中获取有用的信息（Jabbar et al.，2022）。一般来说，学习策略的分类标准就是学习实现信息转换所需的推理步骤和难易程度，依从简单到复杂，从少到多的次序分为以下六种基本类型。

1. 示教学习

示教学习，类似于学生从环境获取信息，把所获取的知识转换成内部可使用的形式，将新的知识和原有知识有机地结合为一体。教师以某种形式提出和组织知识，以使学生拥有的知识可以不断增加。所以要求学生具有一定程度的推理能力，但环境仍要做大量的工作。这种学习方法和人类社会的学校教学方式相似，学习的任务就是建立一个系统，使它能接受教导和建议，并有效地存储和应用学到的知识。不少专家系统在建立知识库时使用这种方法来实现知识获取。

2. 机械学习

在机械学习方式中，学习者无需任何推理或其他知识转换，直接吸取环境所提供的信息。这类学习系统主要考虑的是如何索引存储的知识并加以利用。系统的学习方法是直接通过事先编好、构造好的程序来学习，学习者不做任何工作，或者是通过直接接收既定的事实和数据进行学习，对输入信息不做任何的推理。

3. 类比学习

类比是人认识世界的一种重要方法，也是诱导人们学习新事物、进行创造性思维的重要手段。通过类比，从源域的知识推导出目标域的相应知识，从而实现学习。类比学习系统可以使一个已有的计算机应用系统转变为适应于新的领域，来实现原先没有设计的相类似的功能。

4. 演绎学习

演绎学习是指在学习过程中，学生所用的推理形式为演绎推理。推理从公理出发，在观察和分析基础上提出问题，经过逻辑变换推导出结论。这种推理是保真变换和特化的过程，使学生在推理过程中可以获取有用的知识，从而掌握知识技能的理论体系。这种学习方法包含宏操作学习、知识编辑和组块技术。演绎推理的逆过程是归纳推理。

5. 基于解释的学习

基于解释的学习中，学生根据教师提供的目标概念、该概念的一个例子、领域理论及可操作准则，首先构造一个解释来说明为什么该例子满足目标概念，然后将解释推广为目标概念的一个满足可操作准则的充分条件。基于解释的学习已被广泛应用于知识库求精和改善系统的性能。

6. 归纳学习

归纳学习旨在从大量的经验数据中归纳抽取出一般的判定规则和模式，是从特殊情况推导出一般规则的学习方法。这种学习的推理工作量远多于示教学习和演绎学习，因为环境并不提供一般性概念描述。从某种程度上说，归纳学习的推理量也比类比学习大，因为没有一个类似的概念可以作为源概念加以取用。归纳学习是最基本、发展也较为成熟的学习方法，在人工智能领域中已经得到广泛的研究和应用。

2.2.2 基于获取知识的表示

机器学习获取知识的途径有行为规则、物理对象的描述、问题求解策略、各种分类及其他用于任务实现目的的知识类型。

对于学习中获取的知识领域，主要有以下表示形式。

1. 代数表达式参数

学习的目标是调节一个固定函数形式的代数表达式参数或系数来达到一个理想的性能。

2. 决策树

用决策树来划分物体的类属，树中每一内部节点对应一个物体属性，而每一边对应于这些属性的可选值，树的叶子节点则对应于物体的每个基本分类（Zhou et al., 2021）。

3. 形式文法

在识别一个特定语言的学习中，通过对该语言的一系列表达式进行归纳，形成该语言的形式文法。

4. 产生式规则

产生式规则是人工智能中一种表示知识和推理的形式，通常用于专家系统和规则引擎。产生式规则由条件部分和动作部分组成，其中条件部分描述了一些前提条件，而动作部分描述了在条件满足时执行的操作。产生式规则目前已得到极为广泛的应用。学习系统中的学习行为主要是生成、泛化、特化（specialization）或合成产生式规则。

5. 形式逻辑表达式

形式逻辑表达式的基本成分是命题、谓词、变量、约束变量范围的语句，以及嵌入的逻辑表达式。

6. 图和网络

有的系统采用图匹配和图转换的方法来有效地比较和索引知识。

7. 框架和模式（schema）

每个框架包含一组槽，用于描述事物（概念和个体）的各个方面。

8. 计算机程序和其他过程编码

获取这种形式的知识，目的在于取得一种能实现特定过程的能力，而不是为了推断该过程的内部结构。

9. 神经网络

神经网络主要用在联接学习中，学习所获取的知识，最后归纳为一个神经网络（Wang，2021）。

10. 多种表示形式的组合

有时一个学习系统中获取的知识需要综合应用上述几种知识表示形式。根据表示的精细程度，可将知识表示形式分为两大类：泛化程度高的用粗粒度符号表示，泛化程度低的用精粒度亚符号（sub-symbolic）表示。决策树、形式文法、产生式规则、形式逻辑表达式、框架和模式等属于符号表示类；而代数表达式参数、图和网络、神经网络等则属亚符号表示类（He，2021）。

2.2.3　基于应用领域

根据机器学习应用领域的不同，机器学习分为专家系统、认知模拟、规划和问题求解、数据挖掘、网络信息服务、图像识别、故障诊断、自然语言理解、机器人和博弈等领域。

从机器学习的执行部分所反映的任务类型上看，大部分的应用研究领域基本集中于分类和问题求解范畴，其内容主要如下：

（1）分类任务要求系统依据已知的分类知识对输入的未知模式（该模式的描述）进行分析，以确定输入模式的类属。相应的目标就是学习用于分类的准则（如分类规则）。

（2）问题求解任务要求对于给定的目标状态，寻找一个将当前状态转换为目标状态的动作序列；机器学习在这一领域的研究工作大部分集中于通过学习来获取能提高问题求解效率的知识（如搜索控制知识、启发式知识等）。

2.2.4 综合分类

综合考虑各种学习方法出现的历史渊源、知识表示、推理策略、结果评估的相似性、研究人员交流的相对集中性以及应用领域等诸因素，将机器学习分为以下六类。

1. 经验性归纳学习

经验性归纳学习（empirical inductive learning）采用一些数据密集的经验方法（如版本空间法、ID3 法、定律发现方法）对例子进行归纳学习。其例子和学习结果一般都采用属性、谓词、关系等符号表示。它相当于基于学习策略分类中的归纳学习，但扣除联接学习、遗传算法、强化学习的部分。

2. 分析学习

分析学习（analytic learning）是从一个或少数几个实例出发，运用领域知识进行分析。其主要特征为：推理策略主要是演绎，而非归纳；使用过去的问题求解经验（实例）指导新的问题求解，或产生能更有效地运用领域知识的搜索控制规则。

分析学习的目标是改善系统的性能，而不是新的概念描述。分析学习包括应用解释学习、演绎学习、多级结构组块以及宏操作学习等。

3. 类比学习

类比学习相当于基于学习策略分类中的学习。在这一类型的学习中比较引人注目的研究是通过与过去经历的具体事例进行类比来学习，称为基于范例的学习（case-based learning），或简称范例学习。

4. 遗传算法

遗传算法（genetic algorithm）模拟生物繁殖的突变、交叉和达尔文的自然选择（在每一生态环境中适者生存）。它把问题可能的解编码为一个向量，称为个体，向量的每一个元素称为基因，并利用目标函数（相应于自然选择标准）对群体（个体的集合）中的每一个个体进行评价，根据评价值（适应度）对个体进行选择、交叉、变异等遗传操作，从而得到新的群体。遗传算法适用于非常复杂和困难的环境，如带有大量噪声和无关数据、事物不断更新、问题目标不能明显和精确地定义，以及通过很长的执行过程才能确定当前行为价值的环境等。与神经网络一样，遗传算法的研究已经发展为人工智能的一个独立分支，其代表人物为霍兰德（J. H. Holland）。

5. 联接学习

典型的联接模型实现为人工神经网络，其由称为神经元的一些简单计算单元以及单元间的加权联接组成。

6. 强化学习

强化学习的特点是通过与环境的试错（trial and error）交互来确定和优化动作的选择，以实现序列决策任务。在这种任务中，学习机制通过选择并执行动作，导致系统状态的变化，并有可能得到某种强化信号（立即回报），从而实现与环境的交互。强化信号就是对系统行为的一种标量化的奖惩。系统学习的目标是寻找一个合适的动作选择策略，即在任一给定的状态下选择哪种动作的方法，使产生的动作序列可获得某种最优的结果。

在综合分类中，经验归纳学习、遗传算法、联接学习和强化学习均属于归纳学习，其中经验归纳学习采用符号表示方式，而遗传算法、联接学习和强化学习则采用亚符号表示方式；分析学习属于演绎学习。

实际上，类比策略可看成归纳和演绎策略的综合，因此最基本的学习策略只有归纳和演绎。从学习内容的角度看，采用归纳策略的学习由于是对输入进行归纳，所学习的知识显然超过原有系统知识库所能蕴涵的范围，所学结果改变了系统的知识演绎闭包，因而这种类型的学习也可称为知识级学习；而采用演绎策略的学习尽管所学的知识能提高系统的效率，但仍能被原有系统的知识库所蕴涵，即所学的知识未能改变系统的演绎闭包，因而这种类型的学习又称符号级学习（Painter and Bastian，2021）。

2.2.5　学习形式分类

学习形式即根据现有条件实施获取处理信息的方式方法，根据有无标识匹配，机器学习分为以下几类。

1. 监督学习（Yin et al., 2021）

监督学习，即在机械学习过程中提供对错指示，一般是在数据组中包含最终结果（0，1）。通过算法让机器自我减小误差。这一类学习主要应用于分类和预测。监督学习从给定的训练数据集中学习出一个函数，当新的数据到来时，可以根据这个函数预测结果。监督学习的训练集要求包括输入和输出，也可以说是特征和目标。训练集中的目标是由人标注的。常见的监督学习算法包括回归分析和统计分类。

2. 非监督学习（Lei et al., 2022）

非监督学习又称归纳性学习，利用 K-Means，建立中心，通过循环和递减运算来减小误差，达到分类的目的。

2.3　经典算法模型

2.3.1　监督学习

监督学习是一种常见的机器学习任务，其目标是从具有标签（已知答案）的训练数据中学习一个模型，该模型可以将输入数据映射到相应的输出标签。监督学习的过程可以分为训练和测试两个阶段。

在监督学习中，训练数据由输入特征和对应的输出标签组成。输入特征描述样本的属性或特征，而输出标签表示样本的类别或预测值。监督学习的目标是通过学习输入特征与输出标签之间的关系，建立一个泛化能力强的模型。

在训练阶段，监督学习算法使用训练数据来调整模型的参数或寻找最佳的决策边界，以使模型能够准确地拟合训练数据。在测试阶段，使用测试数据来评估模型的泛化能力，即模型在未见过的数据上的预测性能。

监督学习广泛应用于各个领域，如图像识别、自然语言处理、推荐系统等。通过合理选择和设计特征、选择适当的算法以及进行模型的评估和优化，可以得到高性能和稳定的监督学习模型。

监督学习处理的对象是有标签训练数据，它利用有标签的训练数据来学习一个模型，目标是用学到的模型给无标签的测试数据打上标签。

常见的监督学习算法分类如图 2-3 所示（刘端阳和魏钟鸣，2023；申罕骧等，2022）。

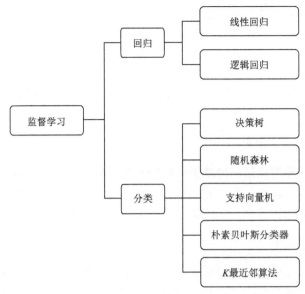

图 2-3　监督学习算法分类图

1. 线性回归

线性回归是用于建立连续变量之间线性关系的机器学习算法。它通过拟合一个线性模型来预测目标变量的值。线性回归假设自变量和因变量之间存在线性关系，通过最小化残差平方和来求解最佳拟合曲线。线性回归常用于预测和回归分析领域。

2. 逻辑回归

逻辑回归是一种用于建立二分类或多分类模型的机器学习算法，通过将线性回归模型的输出映射到[0, 1]的概率范围内，来预测离散目标变量的概率。逻辑回归通常使用 sigmoid 函数对线性模型的输出进行转换，从而实现概率预测。

3. 决策树

决策树是一种基于树状结构的机器学习算法，用于分类和回归问题。决策树通过在特征空间中创建一系列的判定节点和分支，根据特征的重要性进行样本分类或预测。决策树具有可解释性强、易于理解和实现的优点，但容易过拟合。

4. 随机森林

随机森林是一种基于决策树的集成学习方法。它通过构建多棵决策树，并对它们的结果进行综合预测。随机森林在训练过程中引入了随机性，包括随机选择特征和样本子集，以减少模型过拟合的风险。随机森林通常具有较高的准确性和稳定性，并且能够处理高维数据。

5. 支持向量机

支持向量机是一种用于分类和回归问题的机器学习算法。它通过在特征空间中寻找最优超平面，将不同类别的样本分开。支持向量机可以处理高维数据和非线性决策边界，并且在小样本情况下表现良好。

6. 朴素贝叶斯分类器

朴素贝叶斯分类器是一种基于贝叶斯定理和特征条件独立假设的机器学习算法，常用于文本挖掘和分类任务。朴素贝叶斯分类器根据特征的条件概率来计算样本属于每个类别的概率，然后选择具有最高概率的类别作为预测结果。

7. K 最近邻算法

K 最近邻算法是一种基于样本的距离度量的机器学习算法，通过计算待预测样本与训练集中最接近的 K 个样本之间的距离，根据这些近邻样本的标签进行预测。K 最近邻算法简单易懂，但在处理大规模数据时计算开销较大。

2.3.2　非监督学习

非监督学习是机器学习的一个重要分支，与监督学习相对应。非监督学习的目标是从无标签（未知答案）的训练数据中发现数据的内在结构、模式或关系，以便进行数据的聚类、降维、异常检测等任务。

在非监督学习中，训练数据只包含输入特征，没有对应的输出标签。算法通过对输入数据进行分析和建模，自动学习数据的结构和潜在规律。这使得非监督学习可以应用于无标签数据的探索性分析和特征提取。

常见的非监督学习算法模型分类如图 2-4（张磊等，2017）。

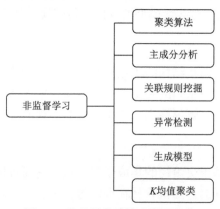

图 2-4　非监督学习算法模型分类

1. 聚类算法

聚类（clustering）算法将样本划分为具有相似特征的组或簇，通过测量样本之间的相似性或距离，将相似的样本聚集在一起，从而发现数据的隐藏结构。

2. 主成分分析

主成分分析是一种常用的降维技术，用于提取数据集中的主要特征，通过线性变换将原始特征空间映射到一个新的低维特征空间，使得新特征之间的相关性最小。主成分分析可以用于数据可视化、特征提取和去除冗余特征。

3. 关联规则挖掘

关联规则挖掘（association rule mining）用于发现数据中的频繁项集和关联规则，可以根据频繁项集出现的频率和相关性，识别出数据中的常见模式和相互关联的特征。

4. 异常检测

异常检测（anomaly detection）用于识别与大部分数据不一致或偏离正常模式的异常样本，通过建立数据的正常模型或统计学规律，来检测可能存在的异常数据。

5. 生成模型

生成模型（generative model）用于建模数据的概率分布，并生成与原始数据类似的新样本，可以通过学习数据的生成过程来理解数据的结构和特征。

6. K 均值聚类

K 均值聚类（K-means clustering）是一种常用的非监督学习算法，用于将样本划分为 K 个簇。它通过迭代计算样本与聚类中心的距离，并将样本分配到最近的聚类中心，然后更新聚类中心的位置，直至达到收敛。K 均值聚类适用于聚类分析和图像分割等领域。

非监督学习广泛应用于无标签数据的分析和处理，如市场分割、用户行为分析、图像分割、推荐系统等领域。通过非监督学习，可以从海量的无标签数据中发现有价值的信息，为后续的决策和应用提供支持。

2.3.3　半监督学习

半监督学习是介于监督学习和非监督学习之间的一种学习方式，其目标是在有限标记数据和大量未标记数据的情况下，通过结合已标记数据和未标记数据来训练模型。

在半监督学习中，通常只有一小部分数据被标记，而剩余的大部分数据没有被标记。标记数据的获取往往较为耗时和昂贵，半监督学习的出现旨在利用未标记数据来提高模型的泛化能力和性能。

半监督学习的关键思想是：未标记数据中的某些样本与已标记数据具有相似的特征或类别属性。基于这一假设，半监督学习算法试图在未标记数据中找到与已标记数据相关的信息，并通过整合已标记数据和未标记数据来提高模型的准确性。

半监督学习的常见算法模型如图 2-5 所示（何玉林等，2023；Li et al.，2023；Deng and Yu，2021）。

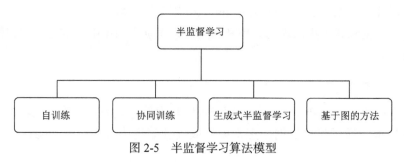

图 2-5　半监督学习算法模型

1. 自训练

自训练（self-training）是最简单的半监督学习方法之一，它的基本思想是使用已标记数据训练一个初始模型，然后将这个模型应用于未标记数据中，选择置信度较高的样本加入已标记数据集，并更新模型。这个过程迭代进行，直到达到一定的准确性或收敛条件。

2. 协同训练

协同训练（co-training）是一种基于两个或多个不同视角的特征集的方法，它假设各个特征集能够提供互补的信息，且在某个特征集上模型的预测结果可以作为另一个特征集上样本的标签。通过交替训练和更新多个模型，协同训练可以利用未标记数据改进模型的性能。

3. 生成式半监督学习

生成式半监督学习（generative semi-supervised learning）将生成模型与半监督学习相结合。它试图通过建立一个生成模型来描述数据的分布，并利用这个模型生成尽可能逼近真实数据的未标记样本。然后，使用已标记数据与这些生成的未标记样本共同训练模型，以提高模型的性能。

4. 基于图的方法

基于图的方法（graph-based method）将数据表示为一个图结构，其中节点表示样本，边表示样本之间的关系或相似度。这些方法借助图的连通性来传播标记信息，使得未标记样本的标签可以通过已标记样本的传递而得到估计。

半监督学习被广泛应用于许多领域，如自然语言处理、计算机视觉、数据挖掘等。它提供了一种有效利用未标记数据来提高模型性能的方法，尤其在标记数据稀缺或难以获取的情况下具有很大的优势。

参 考 文 献

何玉林, 陈佳琪, 黄启航, 等. 2023. 自训练新类探测半监督学习算法. 计算机科学与探索, 17(9): 2184-2197.

刘端阳, 魏钟鸣. 2023. 有监督学习算法在材料科学中的应用. 数据与计算发展前沿, 5(4): 38-47.

申罕骥, 付翔, 李俊. 2022. 基于逻辑回归监督学习的大样本日志异常检测优化方法. 高技术通讯, 32(8): 789-800.

张磊, 陈东, 王建新, 等. 2017. 机器学习算法与应用. 北京电子科技学院学报, 25(4): 51-56.

Andrianov N, Nick H M. 2021. Machine learning of dual porosity model closures from discrete fracture simulations. Advances in Water Resources, 147: 103810.

Bernstein P. 2022. Machine Learning: Architecture in the Age of Artificial Intelligence. S.l.: RIBA Publishing.

Charalampakis A E, Papanikolaou V K. 2021. Machine learning design of R/C columns. Engineering Structures, 226: 111412.

Deng J J, Yu J G. 2021. A simple graph-based semi-supervised learning approach for imbalanced classification. Pattern Recognition, 118: 108026.

Deng M, He Z, Meng L, et al. 2022. Data-driven precision marketing strategy on agriculture: The application of machine learning in evolutionary consumer psychology towards new media communication. International Conference on Humanities, Arts, Management and Higher Education: 1-4.

Diao Y P, Yan L C, Gao K W. 2021. Improvement of the machine learning-based corrosion rate prediction model through the optimization of input features. Materials & Design, 198: 109326.

Ferreño D, Sainz-Aja J A, Carrascal I A, et al. 2021. Prediction of mechanical properties of rail pads under in-service conditions through machine learning algorithms. Advances in Engineering Software, 151: 102927.

He F C. 2021. Research on multi-mode online measurement based on universal ranging machine learning model. Measurement, 167: 108246.

Jabbar M A, Kantipudi M P, Madureira A M, et al. 2022. Machine Learning Methods for Signal, Image and Speech Processing. New York: River Publishers.

Jain V. 2021. Internet of Things and Machine Learning in Agriculture. New York: Nova Science Publishers.

Lei S Y, Liu W W, Zhang X D, et al. 2022. CIRS: A confidence interval radius slope method for time series points based on unsupervised learning. International Conference of Pioneering Computer Scientists, Engineers and Educators: 310-325.

Li H L, Wang S W, Liu B, et al. 2023. A multi-view co-training network for semi-supervised medical image-based prognostic prediction. Neural Networks, 164: 455-463.

Liu B C. 2021. RETRACTED: New technology application in logistics industry based on machine learning and embedded network. Microprocessors and Microsystems, 80: 103596.

Painter C, Bastian M D. 2021. Generating genetic engineering linked indicator datasets for machine learning classifier training in biosecurity. Conference on Artificial Intelligence and Machine Learning for Multi-Domain Operations Applications: 1-6.

Shima N, Sachin M, Ezgi M, et al. 2021. Machine learning techniques for mitoses classification. Computerized Medical Imaging and Graphics, 87: 101832.

Wang X H. 2021. RETRACTED: Research on inversion of ecosystem dynamics model parameters based on improved neural network algorithm. Microprocessors and Microsystems, 80: 103605.

Yin Q S, Yang J, Tyagi M, et al. 2021. Field data analysis and risk assessment of gas kick during industrial deepwater drilling process based on supervised learning algorithm. Process Safety and Environmental Protection, 146: 312-328.

Yogini B, Pradnya B, Roshani R, et al. 2023. Digital Twins: Internet of Things, Machine Learning, and Smart Manufacturing. Berlin: De Gruyter.

Zhou H F, Zhang J W, Zhou Y Q, et al. 2021. A feature selection algorithm of decision tree based on feature weight. Expert Systems with Applications, 164: 113842.

第 3 章

NumPy 数据分析基础

NumPy（numerical Python）是 Python 的一种开源的数值计算扩展工具（Harris et al.，2020），这种工具可用来存储和处理大型矩阵，比 Python 自身的嵌套列表结构（nested list structure）要高效得多（该结构也可以用来表示矩阵（matrix）），支持大量的维度数组与矩阵运算，此外也针对数组运算提供了大量的数学函数库（van der Walt et al.，2011）。

3.1　NumPy 特点

NumPy 是一个开源的 Python 科学计算库，它具有以下几个特点。

1. 多维数组

NumPy 提供了多维数组对象（即 ndarray），可以方便地进行高效的数值计算和数据处理。这对于科学计算和数据分析非常重要。

2. 数值计算

NumPy 提供了大量的数学函数和操作，包括矩阵运算、线性代数、傅里叶变换、随机数生成等。这些函数和操作能够快速、有效地处理大规模数据集。

3. 广播功能

NumPy 的广播功能使得不同形状的数组之间可以进行计算，而无须显式地编写循环语句。这样可以简化代码并提升计算效率。

4. 高效性

NumPy 底层使用 C 语言编写，并针对多核中央处理器（central processing unit，CPU）进行了优化，能够快速处理大规模数据。此外，NumPy 还提供了对内存映射文件的支持，可以将大规模数据存储在磁盘上，节省内存空间。

5. 丰富的功能库

NumPy 作为 Python 科学计算的基础库，还与其他科学计算库（如 SciPy、Matplotlib）相互配合，提供了丰富的科学计算和数据可视化功能。

总之，NumPy 是 Python 中最重要的科学计算库之一，具有高效的数值计算能力和丰富的功能，广泛应用于数据科学、机器学习、图像处理等领域。

3.1.1　NumPy 简介

NumPy 是一个开源的 Python 科学计算库，它为 Python 提供了多维数组对象（ndarray）、广播功能、数学函数和操作，以及与其他科学计算库的配合，使得 Python 成为一种强大的科学计算语言。

NumPy 的核心功能是多维数组对象（ndarray），它可以存储同类型的数据，并提供了高效的数组操作。与 Python 的原生列表相比，NumPy 的数组操作更加高效且灵活，尤其在处理大规模数据时表现出色。NumPy 的数组支持基本的数学运算、索引和切片操作，同时还提供了许多方便的函数和方法，如排序、统计、线性代数运算等（Ziogas et al.，2021）。

NumPy 还具有广播功能，它允许不同形状的数组通过隐式地扩展数组维度进行计算。这样能够避免烦琐的循环操作，提高代码的简洁性和执行效率（Harris et al.，2020）。

除了数组操作和广播功能，NumPy 还提供了丰富的数学函数和操作，包括三角函数、指数函数、对数函数、矩阵运算、傅里叶变换、随机数生成等。这些函数和操作能够满足科学计算中常见的需求，并且以高效的底层实现著称（Ranjani et al.，2019）。

此外，NumPy 还与其他科学计算库（如 SciPy、Matplotlib）紧密配合，提供了完整的科学计算和数据可视化功能。NumPy 作为这些库的基础，为它们提供了高效的数值计算能力和数据结构，使得 Python 成为一种强大的科学计算环境（Ranjani et al.，2019）。

总结来说，NumPy 是一个功能强大的 Python 科学计算库，通过提供多维数组对象、广播功能和丰富的数学函数及操作，使得 Python 具备了高效的数值计算能力，广泛应用于数据科学、统计分析、机器学习等领域。

3.1.2　NumPy 库的安装

安装 NumPy 库可以通过使用 pip 命令（Python 包管理器）来完成。以下是在 Python 环境中安装 NumPy 的步骤。

1. 进入字符交互界面

通过键盘上的快捷键 Win+R 进入终端交互界面，如图 3-1 所示，在其界面中输入"cmd"进入命令交互界面，如图 3-2 所示。

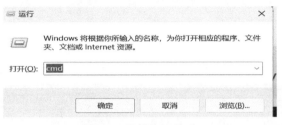

图 3-1　终端交互界面

图 3-2　命令交换界面

2. 安装库文件

在命令交互界面输入"pip install numpy"来安装 NumPy 库，如图 3-3 所示。

图 3-3　安装 NumPy 库文件界面

3. 进入 Python 运行环境

确保你已经安装了 Python 环境，并且可以在终端或命令提示符中运行 Python 命令（输入"python"，按下回车键后可以进入 Python 交互模式），如图 3-4 所示。

4. 加载安装包

输入"import numpy as np"加载 NumPy 库，如图 3-5 所示。

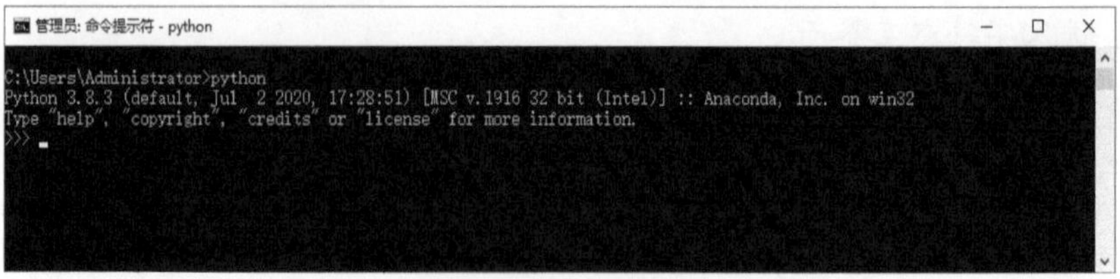

图 3-4　进入 Python 命令交互界面

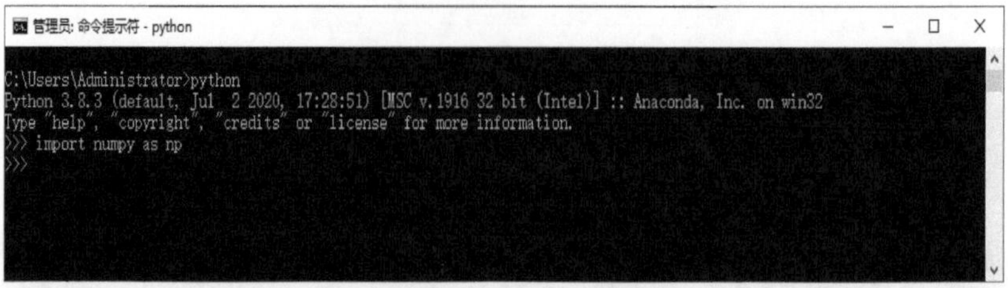

图 3-5　加载 NumPy 库界面

安装完成后，在 Python 脚本或交互环境中通过"import numpy"语句导入 NumPy 库。

另外强调几点：①NumPy 是非标准库，需要提前安装；②Anaconda 中集成了这个库中的模块，可以直接使用 Anaconda；③也可以不安装 Anaconda，这样就需要安装完官方标准的 Python 发行版后在线或下载后安装相关库。

如果遇到了安装问题，可以检查 Python 环境是否正确配置、网络连接是否正常，并尝试使用最新版本的 pip 和 Python 进行安装。

如果采用在线安装，打开 Windows 命令窗口，输入"pip install numpy"命令，完成 NumPy 相关模块的安装。受网络等因素的影响，在线从 PyPI 官方安装源安装可能会导致失败。这时可以通过参数"-i"后面加安装源地址来尝试改用国内的安装源，以提高网络传输速度。可以通过百度搜索国内 PyPI 镜像安装源地址，如

pip install numpy -i https://pypi.tuna.tsinghua.edu.cn/simple

当网络传输质量不高时，在线安装可能会出现安装中断，导致安装失败。可以下载安装模块后在本地安装。这时需要先到官方网站下载 WHL 文件。然后打开 Windows 命令窗口，进入下载文件所在目录，执行"pip install 文件名.whl"命令。

另外，如果使用的是 Anaconda 发行版，NumPy 库通常已经预先安装好了，这样就可以直接在 Anaconda 的环境中使用 NumPy。

3.2　NumPy 组成

3.2.1　NumPy 核心数据结构

NumPy 的核心数据结构是多维数组对象（ndarray），它是一个用于存储同类型元素的多维网格。以下是一些关于 NumPy 核心数据结构的重要特点和说明。

1. 多维数组对象

NumPy 的核心数据结构是 ndarray，它是一个多维数组对象。ndarray 提供了一些重要的方法和函数，用于处理和操作数组数据。

2. 多维数组

ndarray 可以是一维、二维或更高维度的数组，这使得 NumPy 非常适合处理数值计算和科学计算中的多维数据。

3. 元素类型

ndarray 中的元素必须是相同的类型，通常是数值类型，如整数、浮点数等。由于元素类型是固定的，ndarray 对于大规模数据的存储和计算非常高效。

4. 数组形状

每个 ndarray 都有一个形状（shape），表示数组在每个维度上的大小，如一个二维数组的形状可以是（行数，列数）。

5. 数组索引

可以使用数组索引来访问和修改 ndarray 中的元素，如使用整数、切片、布尔索引等多种方式进行索引操作。

6. 向量化操作

NumPy 提供了很多针对 ndarray 的向量化操作（即对整个数组进行操作的函数），这些操作可以高效地对数组进行计算，而不需要使用显式的循环。

7. 广播（broadcasting）

在进行数组操作时，NumPy 会自动执行广播操作，使得不同形状的数组能够进行逐元素的计算。

8. 数组方法和函数

NumPy 提供了丰富的数组方法和函数,用于进行各种数据操作,如数学运算、线性代数、统计分析等。这些方法和函数能够直接应用于 ndarray 对象上。

总而言之,NumPy 的核心数据结构 ndarray 是一个强大、高效的多维数组对象,它为数值计算和科学计算提供了许多便捷的操作和功能。

3.2.2 机器学习中的常用操作

在机器学习中,NumPy 是一个常用的 Python 库,它提供了用于高效处理多维数组和执行数值计算的功能。下面是 NumPy 在机器学习中的常用操作。

1. 数组创建操作

NumPy 提供了多种创建数组的方式,如使用 np.array 函数从列表或元组创建数组,使用 np.zeros 函数创建全零数组,使用 np.ones 函数创建全一数组,以及使用 np.random 函数生成随机数组等。

2. 数组形状操作

NumPy 提供了多种修改数组形状的操作,如使用 reshape 函数改变数组的维度、使用 resize 函数修改数组的大小,以及使用 transpose 函数进行转置操作。

3. 数组索引和切片操作

NumPy 支持通过索引和切片操作来访问和修改数组的元素,可以使用整数索引获取单个元素、使用切片操作获取子数组,以及使用布尔索引进行条件筛选。

4. 数组运算操作

NumPy 支持对数组进行各种数学运算操作,如加法、减法、乘法、除法、求和、平均值、标准差等,这些运算可以对整个数组进行操作,也可以指定轴进行运算。

5. 广播操作

NumPy 的广播机制允许对形状不同的数组进行运算,使得不同形状的数组可以在一起进行运算。广播操作可以简化代码并提高计算效率。

6. 矩阵操作

NumPy 的 ndarray 对象可以用于表示矩阵,并提供了矩阵运算相关的函数和方法,可以进行矩阵乘法、转置、求逆、求特征值等操作。

7. 数组统计操作

NumPy 提供了多种统计函数来计算数组的统计量，如最小值、最大值、平均值、中位数、方差、协方差等。这些统计函数可以对整个数组或指定轴进行计算。

8. 数组排序操作

NumPy 提供了多种排序函数来对数组进行排序，如 np.sort 函数可以按升序对数组进行排序、np.argsort 函数可以返回排序后的索引、np.argmax 和 np.argmin 函数可以返回数组中的最大值和最小值的索引。

除了上述操作，NumPy 还提供了其他一些常用的功能，如随机数生成、线性代数运算、傅里叶变换等，这些功能在机器学习中也经常会用到。通过熟练掌握 NumPy 的使用，可以更高效地处理和计算数组数据，从而加快机器学习模型的训练和预测过程。

3.3　NumPy 数据函数应用

3.3.1　数据的获取

在使用 NumPy 进行数据处理和分析时，可以通过多种方式获取数据。

1. 手动创建数组

使用 NumPy 提供的函数，如 np.array、np.zeros、np.ones 等可以直接手动创建数组，并指定数组的形状、元素类型等。

2. 从 Python 列表或元组转换

可以通过将 Python 列表或元组传入 np.array 函数，将其转换为 NumPy 数组，代码如图 3-6 所示。

```
import numpy as np

my_list = [1, 2, 3, 4, 5]
my_array = np.array(my_list)
```

图 3-6　NumPy 数组

3. 从文件读取数据

可以读取来自文本文件、CSV 文件、Excel 文件等的数据，并将其转换为

NumPy 数组。常用的函数有 np.loadtxt、np.genfromtxt、np.fromfile 等。

4. 随机生成数据

可以使用 NumPy 提供的随机数生成函数，如 np.random.rand、np.random.randn、np.random.randint 等，生成指定形状的随机数据。

5. 从其他数据源获取数据

NumPy 可以从多种数据源获取数据，包括文件、数据库、网络等。

总之，使用 NumPy 时，可以手动创建数组，从 Python 列表或其他文件中读取数据，或者生成随机数据。具体选择哪种方式取决于数据的来源和需求。

3.3.2　数组的创建与使用

NumPy 是一个 Python 科学计算库，提供了高性能的多维数组对象和用于操作数组的函数。下面是关于 NumPy 数组的创建和使用的一些示例。

1. 创建 NumPy 数组

使用 NumPy 的 array 函数从现有的 Python 列表或元组创建数组，代码如图 3-7 所示。

```
In [8]: import numpy as np#(导入模块)

In [9]: arr=np.array([1,2,3,4,5])

In [10]: arr
Out[10]: array([1, 2, 3, 4, 5])

In [11]:
```

图 3-7　使用 NumPy 的 array 函数创建数组

使用 NumPy 的 arange 函数创建一个指定范围的数组，代码如图 3-8 所示。

```
In [21]: arr = np.arange( 10, 2)

In [22]: arr
Out[22]: array([], dtype=int32)

In [23]:
```

图 3-8　创建一个指定范围的数组

使用 NumPy 的 zeros 函数创建一个全零数组，代码如图 3-9 所示。

```
In [23]: arr = np.zeros((3, 3))

In [24]: arr
Out[24]:
array([[0., 0., 0.],
       [0., 0., 0.],
       [0., 0., 0.]])

In [25]:
```

图 3-9　使用 NumPy 的 zeros 函数创建一个全零数组

使用 NumPy 的 ones 函数创建一个全一数组，代码如图 3-10 所示。

```
In [25]: arr = np.ones((2, 4))

In [26]: arr
Out[26]:
array([[1., 1., 1., 1.],
       [1., 1., 1., 1.]])

In [27]:
```

图 3-10　使用 NumPy 的 ones 函数创建一个全一数组

使用 NumPy 的 empty 函数创建一个未初始化的数组（数组的内容是未知的），代码如图 3-11 所示。

```
In [27]: arr = np.empty((2, 2))

In [28]: arr
Out[28]:
array([[0.00000000e+000, 6.95280993e-310],
       [4.94065646e-324,             nan]])

In [29]:
```

图 3-11　使用 NumPy 的 empty 函数创建一个未初始化的数组

还可以创建其他数组，具体如图 3-12～图 3-14 所示。

```
In [30]: arr=np.array([1,2,5])

In [31]: arr
Out[31]: array([1, 2, 5])

In [32]:
```

图 3-12　创建一维数组

```
In [32]: arr=np.array([[1,2,3],[2,3,4]])

In [33]: arr
Out[33]:
array([[1, 2, 3],
       [2, 3, 4]])
```

图 3-13   创建二维数组

```
In [34]: arr=np.array([[[1,2,3],[2,3,4]] ,[[3,2,3],[2,5,4]]])

In [35]: arr
Out[35]:
array([[[1, 2, 3],
        [2, 3, 4]],

       [[3, 2, 3],
        [2, 5, 4]]])

In [36]:
```

图 3-14   创建三维数组

可以输入函数"数组名.ndim"来验证所创建的数组的维度,如图 3-15 所示。

```
In [34]: arr=np.array([[[1,2,3],[2,3,4]] ,[[3,2,3],[2,5,4]]])

In [35]: arr
Out[35]:
array([[[1, 2, 3],
        [2, 3, 4]],

       [[3, 2, 3],
        [2, 5, 4]]])

In [36]: arr.ndim
Out[36]: 3
```

图 3-15   使用 ndim 函数求数组维数

创建等差数组:

(1)NumPy 中的 arange 函数用于创建等差数组。它的用法类似于 Python 中的 range 类,调用格式为"numpy.arange([start,] stop[, step,], dtype=None, *, like=None)",如图 3-16 所示。其中 start 表示开始值,默认为 0;stop 表示结束值,结果中不包含 stop 本身;step 表示步长,默认为 1;dtype 表示数组元素类型,默认从其他参数推断。start、step、dtype 三个参数可以省略。

```
In [37]: np.arange(3,20,3)
Out[37]: array([ 3,  6,  9, 12, 15, 18])

In [38]:
```

图 3-16   numpy.arange 函数应用

Python 中的 range 类只能创建由整数构成的序列对象，而 arange 函数还可以创建浮点数类型的数组，如图 3-17 所示。

```
In [38]: np.arange(0.5, 1.8, 0.3)
Out[38]: array([0.5, 0.8, 1.1, 1.4, 1.7])
```

图 3-17　创建浮点数类型的数组 1

（2）也可以使用 numpy.linspace(start, stop, num=50, endpoint=True, retstep=False, dtype=None, axis=0)创建包含 num 个元素，且开始值为 start、结束值为 stop 的等差数列。endpoint 表示 stop 值是否作为最后一个元素，如图 3-18 所示。

```
In [39]: np.linspace(0,5,10)
Out[39]:
array([0.        , 0.55555556, 1.11111111, 1.66666667, 2.22222222,
       2.77777778, 3.33333333, 3.88888889, 4.44444444, 5.        ])
```

图 3-18　创建浮点数类型的数组 2

创建等比数组：

可 以 使 用 numpy.logspace(start, stop, num=50, endpoint=True, base=10.0, dtype=None, axis=0)创建开始值为 base 的 start 次幂（$base^{start}$）、结束值为 base 的 stop 次幂（$base^{stop}$）的 num 个数构成的等比数列，endpoint 表示是否包含结束点，如图 3-19 所示。本例产生从 10 的 0 次幂到 10 的 8 次幂之间 16 个数组成的等比数列数组。

```
In [40]: np.logspace(0,8,16)
Out[40]:
array([1.00000000e+00, 3.41454887e+00, 1.16591440e+01, 3.98107171e+01,
       1.35935639e+02, 4.64158883e+02, 1.58489319e+03, 5.41169527e+03,
       1.84784980e+04, 6.30957344e+04, 2.15443469e+05, 7.35642254e+05,
       2.51188643e+06, 8.57695899e+06, 2.92864456e+07, 1.00000000e+08])
```

图 3-19　创建等比数组

根据函数创建数组，函数 numpy.fromfunction(function, shape, *, dtype=<class 'float'>, like=None, **kwargs)通过在每个坐标点上执行一个指定的函数 function 来构造一个数组。

参数 shape 是一个由整数构成的元组，表示各个维度上的元素个数。在坐标点(x, y, z)上，结果数组的元素值为 function(x, y, z)，如图 3-20 所示。

上述代码表示函数 func 的参数从一维坐标的 0、1、2、3、4 五个点上依次取值，根据 func 返回的值来构造一维数组；如图 3-21 所示，function 参数也可以使用 lambda 表达式。

```
In [41]: def func(x):
    ...:     return x*2+1
    ...:     np.fromfunction(func,(5,))
    ...:

In [42]: np.fromfunction(func,(5,))
Out[42]: array([1., 3., 5., 7., 9.])
```

图 3-20　根据函数创建数组

```
In [43]: np.fromfunction(lambda x,y:x*2+y, (3,4))
Out[43]:
array([[0., 1., 2., 3.],
       [2., 3., 4., 5.],
       [4., 5., 6., 7.]])
```

图 3-21　function 参数为 lambda 表达式

上述代码表示先从第一维为 0、1、2，第二维为 0、1、2、3 构成的 3 行 4 列网格位置坐标中取对应的第一维和第二维坐标分别作为 x 和 y 的值传递给 lambda 表达式，该表达式的返回值分别作为参数网格相应位置上的新值来构造一个二维数组。例如，用 lambda 表达式计算新数组的第 2 行第 3 列时，x 取 2、y 取 3，lambda 表达式返回计算结果 7。

还可以使用 NumPy 中的 asarray、ones_like、zeros_like、empty、empty_like 等创建 ndarray 数组对象。

2. 访问 NumPy 数组元素

使用索引访问数组的特定元素，如 arr[0]（访问第一个元素）、arr[1:3]（访问索引为 1 和 2 的元素），如图 3-22 所示。

```
In [51]:  arr=np.array([1, 2, 3, 4, 5, 6, 7, 8])

In [52]: arr[0]
Out[52]: 1

In [53]: arr[1:3]
Out[53]: array([2, 3])
```

图 3-22　访问 NumPy 数组元素

使用切片访问数组的多个元素，如 arr[:2]（访问前两个元素）、arr[1:]（访问第二个以后的所有元素），如图 3-23 所示。

使用布尔索引访问满足条件的元素，如 arr[arr > 5]（访问大于 5 的元素），如图 3-24 所示。

```
In [57]: arr=np.array([1, 2, 3, 4, 5, 6, 7, 8])

In [58]: arr[1:]
Out[58]: array([2, 3, 4, 5, 6, 7, 8])

In [59]:  arr[:2]
Out[59]: array([1, 2])
```

图 3-23　使用切片访问数组的多个元素

```
In [61]:  arr=np.array([1, 2, 3, 4, 5, 6, 7, 8])

In [62]: arr[arr > 5]
Out[62]: array([6, 7, 8])
```

图 3-24　使用布尔索引访问满足条件的元素

3. 修改 NumPy 数组

修改特定位置的元素，如 arr[0] = 10（将第一个元素改为 10），修改多个元素用 arr[1:3] = 20（将索引为 1 和 2 的元素都改为 20），如图 3-25 所示；修改数组的形状用 arr.reshape((2, 2))（将数组转换为 2 行 2 列的形状）。

```
In [63]:  arr=np.array([1, 2, 3, 4, 5, 6, 7, 8])

In [64]: arr[0]=10

In [65]: arr
Out[65]: array([10,  2,  3,  4,  5,  6,  7,  8])

In [66]: arr[1:3] = 20

In [67]: arr
Out[67]: array([10, 20, 20,  4,  5,  6,  7,  8])
```

图 3-25　修改 NumPy 数组

4. 运算和操作

对数组执行数学运算，如 arr1 + arr2（数组相加）、arr1 * arr2（数组相乘），使用 NumPy 的函数对数组执行各种操作：np.sum(arr)（计算数组元素的总和）、np.mean(arr)（计算数组元素的平均值）、数组的广播（broadcasting）。当两个形状不同的数组进行运算时，NumPy 会自动调整它们的形状以适应运算要求，这只是 NumPy 数组的一些基本操作和使用方法，NumPy 还提供了更多的功能和函数，读者可以自行深入学习。

3.3.3　数据运算

NumPy 是一个功能强大的数值计算库，提供了丰富的数据运算功能，以下是一些常见的 NumPy 数据运算示例。

1. 数组创建与初始化

使用 numpy.array 函数创建数组，即 arr = numpy.array([1, 2, 3])，如图 3-26 所示。

```
In [71]: import numpy

In [72]: arr = numpy.array([1, 2, 3])

In [73]: arr
Out[73]: array([1, 2, 3])

In [74]:
```

图 3-26　使用 numpy.array 函数创建数组

使用 numpy.zeros 函数创建全零数组，即 arr = numpy.zeros((3, 3))，如图 3-27 所示。

```
In [74]: arr = numpy.zeros((3, 3))

In [75]: arr
Out[75]:
array([[0., 0., 0.],
       [0., 0., 0.],
       [0., 0., 0.]])
```

图 3-27　使用 numpy.zeros 函数创建全零数组

使用 numpy.ones 函数创建全一数组，即 arr = numpy.ones((2, 2))，如图 3-28 所示。

```
In [76]: arr = numpy.ones((2, 2))

In [77]: arr
Out[77]:
array([[1., 1.],
       [1., 1.]])
```

图 3-28　使用 numpy.ones 函数创建全一数组

使用 numpy.arange 函数创建等差数列，即 arr = numpy.arange(1, 10, 2)，如图 3-29 所示。

2. 数组运算

数组加法运算为 result = arr1 + arr2，数组减法运算为 result = arr1 − arr2，数组乘法（元素级别）运算为 result = arr1 * arr2，数组除法（元素级别）运算为 result = arr1 / arr2，数组乘法（矩阵乘法）运算为 result = numpy.dot(arr1, arr2)或 result = arr1.dot(arr2)，如图 3-30 所示。

```
In [79]: arr = numpy.arange(1, 10, 2)

In [80]: arr
Out[80]: array([1, 3, 5, 7, 9])
```

图 3-29　使用 numpy.arange 函数创建等差数列

```
In [95]:  arr1=np.array([2,3,4])

In [96]:  arr2=np.array([5,6,7])

In [97]: arr1+arr2#数组加法
Out[97]: array([ 7,  9, 11])

In [98]:  arr1-arr2#数组减法
Out[98]: array([-3, -3, -3])

In [99]: arr1/arr2#数组除法
Out[99]: array([0.4       , 0.5       , 0.57142857])

In [100]: arr1*arr2#数组乘法
Out[100]: array([10, 18, 28])

In [101]: numpy.dot(arr1,arr2)#矩阵乘法
Out[101]: 56

In [102]: arr1.dot(arr2)#矩阵乘法2
Out[102]: 56
```

图 3-30　数组运算 1

3. 数组的其他运算

数组指数运算为 result = numpy.exp(arr)，数组开方运算为 result = numpy.sqrt(arr)，数组求和运算为 result = numpy.sum(arr)，数组求最小值运算为 result = numpy.min(arr)，数组求最大值运算为 result = numpy.max(arr)，数组求平均值运算为 result = numpy.mean(arr)，数组求标准差运算为 result = numpy.std(arr)，数组求方差运算为 result = numpy.var(arr)，如图 3-31 所示。

4. 数组形状操作

数组转置运算为 result = arr.T，改变数组形状运算为 result = arr.reshape((2, 3))如图 3-32 所示。

```
In [122]: import numpy #(导入模块)

In [123]: arr=numpy.array([1,2,3,4,5,6])

In [124]: numpy.exp(arr)
Out[124]:
array([  2.71828183,   7.3890561 ,  20.08553692,  54.59815003,
       148.4131591 , 403.42879349])

In [125]:  numpy.sqrt(arr)
Out[125]:
array([1.        , 1.41421356, 1.73205081, 2.        , 2.23606798,
       2.44948974])

In [126]:  numpy.sum(arr)
Out[126]: 21

In [127]:  numpy.min(arr)
Out[127]: 1

In [128]:  numpy.max(arr)
Out[128]: 6

In [129]:  numpy.mean(arr)
Out[129]: 3.5

In [130]:  numpy.std(arr)
Out[130]: 1.707825127659933

In [131]:  numpy.var(arr)
Out[131]: 2.9166666666666665
```

图 3-31　数组运算 2

```
In [139]: import numpy as np#(导入模块)

In [140]: arr=np.array([[1,2,],[2,3,],[2,3]])

In [141]: arr
Out[141]:
array([[1, 2],
       [2, 3],
       [2, 3]])

In [142]: arr.T
Out[142]:
array([[1, 2, 2],
       [2, 3, 3]])

In [143]: arr.reshape((2, 3))
Out[143]:
array([[1, 2, 2],
       [3, 2, 3]])
```

图 3-32　数组形状操作

参 考 文 献

Harris C R, Millman K J, Walt S J, et al. 2020. Array programming with NumPy. Nature: 357-362.

Ranjani J, Sheela A, Meena K P. 2019. Combination of NumPy, SciPy and Matplotlib/Pylab—A good alternative methodology to MATLAB—A comparative analysis. International Conference on Innovations in Information and Communication Technology, 2019: 1-5.

van der Walt S, Colbert S C, Varoquaux G. 2011. The NumPy array: A structure for efficient numerical computation. Computing in Science and Engineering, 13(2): 22-30.

Ziogas A N, Ben-Nun T, Schneider T, et al. 2021. NPBench: A benchmarking suite for high-performance NumPy. Proceedings of the ACM International Conference on Supercomputing, 2021: 63-74.

第4章

Matplotlib 数据可视化基础

    Matplotlib 是由 John D. Hunter 于 2003 年创建的，旨在为科学计算提供一个类似于 MATLAB 的绘图工具（Hunter，2007）。Matplotlib 的设计理念是通过简单的代码生成高质量的图形，用户可以对图形进行各种自定义设置（Barrett et al.，2005）。Matplotlib 是 Python 的绘图库，通过其功能能将数据图形化，可以以多种形式输出。Matplotlib 还可以绘制各种静态、动态、交互式的图表。Matplotlib 是一个非常强大的 Python 画图工具，可以使用该工具将很多数据通过图表的形式更直观地呈现出来。Matplotlib 库函数可以绘制各种图，如线图、散点图、条形图、饼图、直方图、等高线图、柱状图、曲面图及 3D（三维）图形，甚至是图形动画等（Lou et al.，2013）。Matplotlib 提供了广泛的应用程序接口（application program interface，API），使用户可以对图形进行各种操作，如添加标题、坐标轴标签、图例等。

    Matplotlib 与其他 Python 科学计算库（如 NumPy 和 Pandas）紧密集成，可以方便地处理和展示这些库中的数据（Yim et al.，2018）。同时，Matplotlib 也可以与多个 Python 集成开发环境（integrated development environment，IDE）配合使用，如 Jupyter Notebook、Spyder 等（Roubeyrie and Celles，2018）。Matplotlib 的特点之一是其灵活性和可定制性。用户可以通过参数设置和样式选项来自定义图表的外观，并可以保存图表为多种常见图像格式，如 PNG、JPG、PDF 等（Tosi，2009）。Matplotlib 是一个开源项目，并且拥有庞大的社区支持。它提供了详细的文档和教程，用户可以通过官方网站和 GitHub 获取最新的版本和示例代码（Uieda and Wessel，2017）。此外，用户还可以在 Matplotlib 社区中获得技术支持、提出问题和参与交流。总之，Matplotlib 是一个功能强大、灵活易用的 Python 绘图库，提供了丰富的图表类型和定制选项，可以帮助用户进行数据可视化和科学计算等工作。

4.1　Matplotlib 特点

1. 易于使用

Matplotlib 提供了简单易懂的 API，使得用户能够轻松地创建各种类型的图表和可视化效果、丰富的图表类型（Matplotlib 支持多种图表类型，包括线图、散点图、条形图、饼图、3D 图等以满足不同领域的数据可视化需求）（Mandanici et al.，2021）。

2. 高度灵活性

Matplotlib 提供了大量的参数设置和风格选项，可以自定义图表的样式、颜色、线型、标签等，以便用户能够生成符合自己需求的图形；Matplotlib 允许用户对图表进行高度定制，可以添加标题、坐标轴标签、图例、注释等，以及调整图表的尺寸、比例和分辨率；Matplotlib 可以在多个操作系统上运行，包括 Windows、Linux 和 macOS（Waskom，2021）。

3. 支持与多种 Python 集成开发环境

兼容性强，Matplotlib 与其他 Python 科学计算库（如 NumPy 和 Pandas）完美结合，可以实现数据处理与图表展示的无缝集成；丰富的文档和社区支持，Matplotlib 拥有官方完善的文档和丰富的教程。

4. 拥有庞大活跃的开源社区

Matplotlib 拥有庞大活跃的开源社区，用户可以在此获得详细的技术支持（Wood et al.，2017）。

4.1.1　Matplotlib 与数据可视化

Matplotlib 的核心是 pyplot 模块，它提供了类似于 MATLAB 的绘图接口，使得用户可以轻松地创建各种图表，如折线图、散点图、柱状图、饼图等。此外，Matplotlib 还支持绘制 3D 图形、图像处理、动画等高级功能。使用 Matplotlib 进行数据可视化通常需要以下步骤（图 4-1）。

1. 导入 Matplotlib 库和 pyplot 模块

通常使用如下语句将 Matplotlib 库和 pyplot 模块导入 Python 脚本中：

```
import matplotlib.pyplot as plt
```

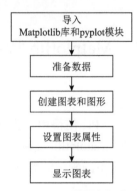

图 4-1　Matplotlib 数据可视化流程图

2. 准备数据

根据需要绘制的图表类型，准备好要可视化的数据。数据可以是 NumPy 数组、Pandas DataFrame 或普通的 Python 列表。

3. 创建图表和图形

使用 pyplot 模块的函数来创建图表和图形，如 plt.plot 函数可用于创建折线图、plt.scatter 函数可用于创建散点图等。

4. 设置图表属性

通过调用相关函数来设置图表的标题、轴标签、图例等属性，如使用 plt.title 函数设置图表标题、使用 plt.xlabel 函数设置 x 轴标签等。

5. 显示图表

使用 plt.show 函数显示生成的图表。

此外，Matplotlib 还具有自定义图表样式、添加注释、设置坐标轴范围、保存图表等功能，能够满足各种数据可视化的需求。

4.1.2　Matplotlib 库的安装

要安装 Matplotlib 库，可以按照以下步骤进行操作。

1. 安装 Python

Matplotlib 是一个基于 Python 的绘图库，因此必须首先安装 Python。

2. 进入命令提示符窗口

打开命令行终端或者命令提示符窗口。

3. 安装 Matplotlib 库

使用 pip 命令安装 Matplotlib 库。在命令行终端中输入以下命令：

```
pip install matplotlib
```

4. 安装完成

pip 会自动下载并安装最新版本的 Matplotlib 库及其相关依赖项。

一旦安装完成，就可以在 Python 脚本或交互式环境中导入 Matplotlib 并使用它来创建各种类型的图表和可视化效果。

4.2　Matplotlib 组成

Matplotlib 由以下几个主要部分组成。

1. pyplot

pyplot 模块是 Matplotlib 的绘图 API，提供了类似于 MATLAB 的绘图接口。它包含许多用于创建图形、绘制线条、添加标签、设置坐标轴等常用绘图功能的函数。

2. Figure

Figure 对象是 Matplotlib 中的顶层容器，它可以包含多个子图（Axes）。在一个 Figure 对象中，可以创建一个或多个子图，并在子图上进行绘制。

3. Axes

Axes 对象是 Figure 中的一个独立的坐标系，用于绘制具体的图形元素，如曲线、散点图、柱状图等。一个 Figure 对象可以包含多个 Axes 对象。

4. Artist

Artist 是 Matplotlib 中所有可见图形元素的基类，包括 Figure、Axes、文本、线条、图像等。通过对 Artist 的属性进行设置，可以调整图形的外观和样式。

5. Backend

Backend 是 Matplotlib 的后端引擎，用于将图形显示在特定的输出设备上，如屏幕、图片文件、PDF 文件等。Matplotlib 支持多种不同的后端，可以根据需要选择合适的后端。

这些组成部分共同构成了 Matplotlib 的核心功能，使其成为一个灵活且功能丰富的绘图库。通过 Matplotlib，可以轻松地创建各种类型的静态和动态图形，用于数据分析、科学研究、数据可视化等领域。

4.2.1　Matplotlib 常用函数

Matplotlib 提供了丰富的函数和方法来创建各种图形，以下是一些常用的 Matplotlib 函数。

1. plt.plot(x, y, [fmt], **kwargs)

plt.plot(x, y, [fmt], **kwargs)函数用于绘制折线图。通过传入 x 轴和 y 轴的数据，可以绘制出折线图。[fmt]参数是可选的，用于设置曲线的颜色、线型和标记样式。

2. plt.scatter(x, y, [s], [c], **kwargs)

plt.scatter(x, y, [s], [c], **kwargs)函数用于绘制散点图。将 x 轴和 y 轴的数据以离散的点的形式显示在图表上。[s]参数是可选的，用于设置散点的大小。[c]参数也是可选的，用于设置散点的颜色。

3. plt.bar(x, height, [width], **kwargs)

plt.bar(x, height, [width], **kwargs)函数用于绘制柱状图。通过传入 x 轴和对应柱子高度的数据，可以生成柱状图。[width]参数是可选的，用于设置柱子的宽度。

4. plt.hist(x, [bins], **kwargs)

plt.hist(x, [bins], **kwargs)函数用于绘制直方图。通过传入一组数据，可以生成直方图。[bins]参数是可选的，用于设置直方图的箱子数量。

5. plt.pie(x, [labels], **kwargs)

plt.pie(x, [labels], **kwargs)函数用于绘制饼图。通过传入一组数据，可以生成饼图。[labels]参数也是可选的，用于设置饼图每个部分的标签。

6. plt.imshow(X, [cmap], **kwargs)

plt.imshow(X, [cmap], **kwargs)函数用于绘制图像。通过传入图像数据，可以显示出图像。[cmap]参数是可选的，用于设置颜色映射。

7. plt.contour(X, Y, Z, [levels], **kwargs)

plt.contour(X, Y, Z, [levels], **kwargs)函数用于绘制等高线图。通过传入二维

数组数据 *X*、*Y* 和对应的高度值 *Z*，可以生成等高线图。[levels]参数是可选的，用于设置等高线线条的数量。

8. plt.boxplot(x, [notch], **kwargs)

plt.boxplot(x, [notch], **kwargs)函数用于绘制箱线图。通过传入一组数据，可以生成箱线图。[notch]参数是可选的，用于设置是否显示中位线的凹槽。

以上只是 Matplotlib 中常用函数的一部分，还有很多其他有用的函数可供使用。

4.2.2　Matplotlib 可视化步骤

下面是使用 Matplotlib 进行可视化的一般步骤，如图 4-2 所示。

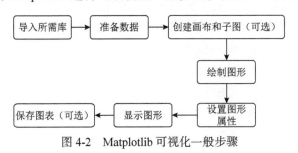

图 4-2　Matplotlib 可视化一般步骤

1. 导入所需库

首先，在 Python 脚本中导入所需的库，包括 Matplotlib 库和可能用到的其他库，如 NumPy 和 Pandas，具体代码如下：

```
import matplotlib.pyplot as plt
```

以下 4 条语句为导入其他 Python 程序库，视图像复杂度选择输入：

```
from pandas.plotting import scatter_matrix
from pandas import Series, DataFrame
import numpy as np
import pandas as pd
```

2. 准备数据

接下来准备要可视化的数据，这可能涉及读取文件、从数据库中查询数据或手动创建数据集。

3. 创建画布和子图（可选）

使用 plt.figure 函数创建一个画布，并使用 add_subplot 函数创建一个或多个子图。子图可以在同一个画布上同时显示多个图形：

```
fig = plt.figure( )
ax = fig.add_subplot(111)
```

4. 绘制图形

使用 Matplotlib 提供的不同函数和方法来绘制各种图形，具体使用哪个函数取决于要展示的数据类型和要达到的效果。可以使用各种绘图函数如 plot、scatter、bar 等来将数据转换为合适的图形。这些方法接收数据作为输入，并根据指定的样式和参数将其绘制到图表上。

5. 设置图形属性

根据需要，可以通过设置不同的属性来自定义图形的外观，如增加标题、标签，以及设置图中某部分线条的样式、颜色等，具体描述如下：

```
plt.xlabel("") #设置 x 轴标签
plt.ylabel("") #设置 y 轴标签
plt. title("") #设置标题
plt.(color="") #改变图表中某一组分的颜色，输入对应英文单词即可实现
```
（未设置则该组分为默认颜色）

```
plt.(linestyle="")
```
#改变图中某一线条的线型，以下是线型示例：

'-'：实线（默认值）

'--'：虚线

':'：点线

'-.'：虚点线

```
plt.(linewidth="")改变图中线条的宽度
```

6. 显示图形

最后，使用 plt.show 函数显示绘制的图形：

```
plt.show( )
```

7. 保存图表（可选）

如果需要将图表保存到文件中，那么可以使用 plt.savefig 函数。该函数接收文件路径作为参数，并将图表保存为指定的格式（如 PNG、PDF、SVG 等）。

以上是 Matplotlib 可视化的一般步骤，根据数据类型和需求的不同，可以调整和扩展这些步骤。

4.2.3　Matplotlib 可视化方法

下面是一些使用 Matplotlib 进行数据可视化的常见方法。

1. 折线图

使用 plt.plot(x, y)函数可以绘制折线图，通过传入数据点的 x 和 y 坐标即可，x 和 y 分别表示横轴和纵轴数据点的值。可以使用不同的线型、颜色和标记来定制图形。

2. 散点图

使用 plt.scatter(x, y)函数可以绘制散点图，通过传入数据点的 x 和 y 坐标即可，x 和 y 表示数据点的横轴和纵轴坐标。可以使用不同的颜色和大小来表示不同的数据特征。

3. 条形图/柱状图

使用 plt.bar(x, height)函数可以绘制条形图/柱状图，通过传入柱子的位置和高度即可，x 表示各个条形/柱子的名称或位置，height 表示条形/柱子的高度。可以使用不同的颜色和宽度来区分不同的类别或组。

4. 直方图

使用 plt.hist(data, bins)函数可以绘制直方图，通过传入数据和分箱数即可，data 是要绘制直方图的数据，bins 指定直方图的柱子数量。直方图用于展示数据的分布情况。

5. 饼图

使用 plt.pie(x, labels)函数可以绘制饼图，通过传入每个扇区的大小和标签即可，x 表示各部分的比例或数值，labels 表示饼图中各部分的标签。饼图用于展示数据的占比情况。

6. 箱线图

使用 plt.boxplot(data)函数可以绘制箱线图，通过传入数据即可，data 是包含多组数据的列表或数组。箱线图用于展示数据的分布和离散情况。

7. 热力图

使用 plt.imshow(data)函数可以创建热力图，data 是一个二维数组，每个元素表示一个像素的值。热力图可以快速发现数据中的模式、趋势和关联性，以及评估数据集中不同变量之间的相关性。

除了以上常见的基本图形之外，Matplotlib 还支持绘制 3D 图形、等高线图、极坐标图等多种复杂的可视化图形。此外，Matplotlib 还提供了丰富的定制选项，可以调整轴标签、标题、图例、颜色映射等。

需要注意的是，为了在 Jupyter Notebook 中正确显示图形，需要在代码中使用"%matplotlib inline"命令或 plt.show 函数来显示图形。

4.3　Matplotlib 应用

Matplotlib 是一个功能强大的 Python 绘图库，可以应用于各种数据可视化场景，其应用领域主要有以下几种。

1. 数据探索与分析

Matplotlib 可以帮助我们通过绘制折线图、散点图、直方图等来进行数据搜索和分析。通过观察数据的分布、趋势和关系，可以更好地理解数据并做出相应的决策。

2. 科学计算与研究

Matplotlib 广泛应用于科学计算和研究领域，可以绘制各种图形来展示实验结果、模拟数据以及模型输出，如绘制曲线图展示函数关系、绘制等高线图展示函数的二维分布等。

3. 数据可视化与报告

Matplotlib 可以用于生成具有专业外观的图表，用于数据的可视化展示和报告。可以创建漂亮的图表来展示统计数据、市场趋势、调查结果等。同时，Matplotlib 还提供了丰富的调整选项，可以自定义图表的样式和布局，以满足不同的需求。

4. 数据挖掘

Matplotlib 在机器学习和数据挖掘中也发挥着重要作用。通过绘制特征图、评估指标图、分类边界图等，可以更好地理解数据集的特征和模型的性能，从而进行模型调优和结果分析。

5. Web 应用程序开发

Matplotlib 可以与 Web 开发框架（如 Django、Flask）结合使用，通过将生成的图表嵌入 Web 页面中，实现在线数据可视化和交互。这使得我们可以将复杂的数据图表直观地展示给用户，并提供交互式操作，增强用户体验。

4.3.1　基本图形绘制

Matplotlib 基本图形包括折线图、散点图、条形图/柱状图、饼图等图像。根据实际情况需要，通过更改数据中参数的数值以达到所需要的效果。

1. 折线图——plt.plot( )

生成折线图的代码如下：

```python
import matplotlib.pyplot as plt
# 准备数据
x = [1, 2, 3, 4, 5]
y = [2, 7, 4, 3, 8]
# 绘制折线图
plt.plot(x, y)
# 添加标题和坐标轴标签
plt.title("Example of Line Chart")
plt.xlabel("x axis")
plt.ylabel("y axis")
# 显示图形
plt.show()
```

输出结果如图 4-3 所示。

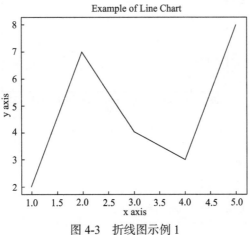

图 4-3　折线图示例 1

此外，根据 4.2.2 节所述相关内容，在此进行折线图中线条相关信息的改变，描述如下。

1）线条颜色改变

线条颜色改变，代码如下：

```
import matplotlib.pyplot as plt
# 准备数据
x = [1, 2, 3, 4, 5]
y = [2, 7, 4, 3, 8]
#绘制折线图，折线的线条改为红色
plt.plot(x, y, color="red")
# 添加标题和坐标轴标签
plt.title("Example of Line Chart")
plt.xlabel("x axis")
plt.ylabel("y axis")
# 显示图形
plt.show()
```

输出结果如图 4-4 所示（线条为红色）。

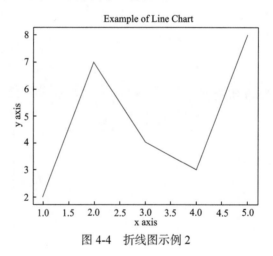

图 4-4　折线图示例 2

2）线条样式改变

线条样式改变，代码如下：

```
import matplotlib.pyplot as plt
# 准备数据
x = [1, 2, 3, 4, 5]
```

```
y = [2, 7, 4, 3, 8]
```
#绘制折线图，折线的线条改为虚线
```
plt.plot(x, y, linestyle='--', linewidth=2 )
```
添加标题和坐标轴标签
```
plt.title("Example of Line Chart")
plt.xlabel("x axis")
plt.ylabel("y axis")
```
显示图形
```
plt.show()
```
输出结果如图 4-5 所示。

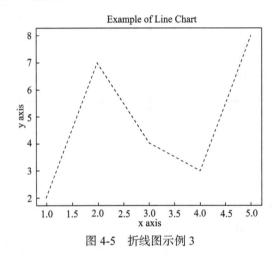

图 4-5　折线图示例 3

此外，还可以对线条的颜色和样式同时进行改变以达到所需要的效果。

2. 散点图——plt.scatter(x, y)

绘制散点图代码如下：
```
import matplotlib.pyplot as plt
```
准备数据
```
x = [1, 2, 3, 4, 5, 6]
y = [3, 5, 7, 9, 11, 13]
```
#绘制散点图
```
plt.scatter(x, y)
```
添加标题和标签
```
plt.title("Example of Scatter Chart")
```

```
plt.xlabel("x axis")
plt.ylabel("y axis")
# 显示图形
plt.show()
```

输出结果如图 4-6 所示。

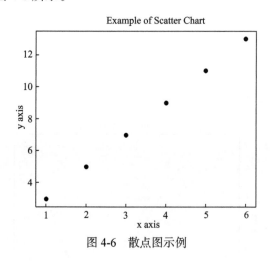

图 4-6 散点图示例

3. 条形图/柱状图——plt.bar( )

绘制条形图/柱状图代码如下：

```
import matplotlib.pyplot as plt
# 准备数据
x = ["A", "B", "C", "D", "E"]
y = [1, 25, 11, 8, 9]
#绘制条形图/柱状图
plt.bar(x, y)
# 添加标题和坐标轴标签
plt.title("Example of Bar Chart")
plt.xlabel("Category")
plt.ylabel("Numerical Value")
# 显示图形
plt.show()
```

输出结果如图 4-7 所示。

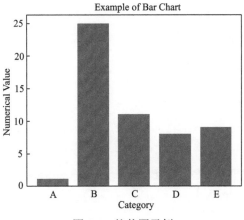

图 4-7　柱状图示例

4. 饼图——plt.pie( )

绘制饼图代码如下：

```
import matplotlib.pyplot as plt
# 准备数据
labels = ["A", "B", "C", "D", "E"]
sizes = [12, 33, 15, 14, 26]
# 绘制饼图
plt.pie(sizes, labels=labels, autopct="%1.1f%%")
# 添加标题
plt.title("Example of Pie Chart")
# 显示图形
plt.show()
```

输出结果如图 4-8 所示。

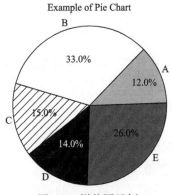

图 4-8　饼状图示例

5. 箱线图——plt.boxplot( )

绘制箱线图代码如下:

```
import matplotlib.pyplot as plt
import numpy as np
# 创建一些示例数据
data = [np.random.normal(0, std, 100) for std in range(1, 5)]
# 添加标题
plt.title("Example of Boxplot")
plt.xlabel("x axis")
plt.ylabel("y axis")
plt.boxplot(data)
# 显示图形
plt.show()
```

输出结果如图 4-9 所示。

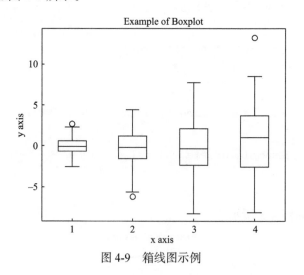

图 4-9　箱线图示例

如果想要自定义箱线图的外观,可以使用 boxplot 函数的参数进行调整,如可以更改箱体的颜色、线条的样式等,以下是一些常见的参数。

patch_artist:如果为 True,箱体将由艺术家对象填充,否则它将只是一个空心框。

boxprops:用于设置箱体的属性,如颜色、边框样式等。

whiskerprops:用于设置箱须的属性,如颜色、线条样式等。

flierprops:用于设置异常值(离群点)的属性,如颜色、标记样式等。

medianprops：用于设置中位数线的属性，如颜色、线条样式等。

6. 直方图——plt.hist( )

绘制直方图代码如下：

```python
import matplotlib.pyplot as plt
# 给定一组数据
data = [1, 1, 2, 3, 4, 5, 6, 6, 6, 7, 8, 8, 9]
# 绘制直方图
plt.hist(data)
# 添加标题和标签
plt.title("Example of Histogram")
plt.xlabel("Value")
plt.ylabel("Frequency")
# 显示图形
plt.show()
```

输出结果如图 4-10 所示。

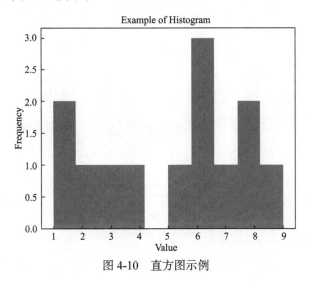

图 4-10　直方图示例

7. 等高线图——plt.contour(X, Y, Z)

绘制等高线图代码如下：

```python
import numpy as np
import matplotlib.pyplot as plt
#准备包含高度或函数值的二维数组（z）；可以使用 NumPy 库来生成一个二维数组
```

```
x = np.linspace(-10, 10, 50)
y = np.linspace(-10, 10, 50)
X, Y = np.meshgrid(x, y)
Z = np.sin(np.sqrt(X**2 + Y**2))
```

#绘制等高线图，使用 Matplotlib 的 contour 或 contourf 函数来绘制等高线图，contour 函数用于绘制轮廓线，而 contourf 函数用于填充颜色

```
plt.figure()
plt.contour(X, Y, Z)
```

#标题和标签

```
plt.xlabel('x axis')
plt.ylabel('y axis')
plt.title('Example of Contour Plot')
```

#显示图形

```
plt.show()
```

输出结果如图 4-11 所示。

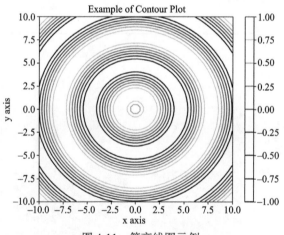

图 4-11　等高线图示例

以上绘制了一个基于正弦函数的等高线图，可以根据需要修改数据和其他绘图属性，以得到所需的结果。

在上述程序中，colorbar（颜色条）的作用是为图形提供一个用于表示数据值与颜色之间对应关系的可视化参考。当图中存在使用颜色来表示数值的元素（如热力图、散点图等）时，colorbar 可以显示一个垂直或水平的条状图例，该图例上标有与颜色相关联的数值范围。

通过 colorbar，观察者可以轻松地理解图形中每种颜色所代表的数值范围，

从而更好地解释和分析数据。它还可以帮助比较不同图之间的颜色编码，以便进行跨图的数据对比。

colorbar 函数有一些可选参数，可以用来自定义颜色条的外观和标签，以下是一些常用的参数说明。

orientation：指定颜色条的方向，可选值为 vertical（垂直）或 horizontal（水平），默认值为 vertical。

label：设置颜色条的标签，默认为 None。

extend：控制是否显示颜色条两端的箭头标记，可选值为 neither、both、min或 max，默认值为 neither。

shrink：缩放颜色条的长度，取值范围为 0～1，默认值为 1，表示颜色条长度与图形相同。

在代码中，colorbar 函数通常与绘图函数（如 imshow、scatter 等）一起使用。它可以根据图像或散点图中的颜色映射自动创建和定位颜色条，使其与图形对齐，并显示相应的数值刻度。

8. 热力图——plt.imshow( )

绘制热力图代码如下：

```python
import numpy as np
import matplotlib.pyplot as plt
# 创建一个随机的二维数据集
data = np.random.rand(5, 5)
# 绘制热力图
plt.imshow(data, cmap='hot', interpolation='nearest')
# 添加颜色条，指定了颜色条的方向为垂直（orientation='vertical'），还设置了
颜色条的标签为 Value
plt.colorbar(orientation='vertical', label='Value')
#将颜色条的长度缩放为原来的1/10
cbar.ax.set_aspect(10)
#设置坐标轴和标题的标签
plt.xlabel('x axis')
plt.ylabel('y axis')
plt.title('Example of Heat Map')
# 显示图形
plt.show()
```

输出结果如图 4-12 所示。

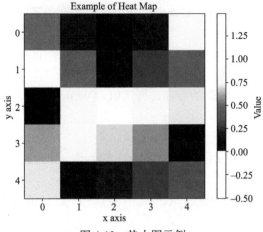

图 4-12　热力图示例

4.3.2　多轴图形绘制

要在 Matplotlib 中绘制多轴图形，可以使用 subplot 函数或者更高级的 subplots 函数来创建具有多个轴的图形。

下面是一个示例，演示如何创建一个具有两个轴的图形：

```python
import matplotlib.pyplot as plt
import numpy as np
# 创建数据
x = np.linspace(0, 10, 100)
y1 = np.sin(x)
y2 = np.cos(x)
# 创建一个具有两个轴的图形
fig, ax1 = plt.subplots()
#在第一个轴上绘制 sin 曲线
ax1.plot(x, y1, 'r-', label='sin')
ax1.set_xlabel('x')
ax1.set_ylabel('sin', color='r')
ax1.tick_params('y', colors='r')
# 创建第二个轴并共享 x 轴
ax2 = ax1.twinx()
# 在第二个轴上绘制 cos 曲线
ax2.plot(x, y2, 'b-', label='cos')
ax2.set_ylabel('cos', color='b')
```

```
ax2.tick_params('y', colors='b')
# 添加图例
lines = [ax1.get_lines()[0], ax2.get_lines()[0]]
ax1.legend(lines, [line.get_label() for line in lines])
# 显示图形
plt.show()
```
输出结果如图 4-13 所示。

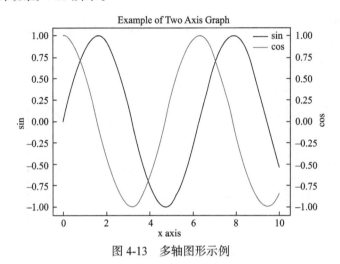

图 4-13 多轴图形示例

这个示例中，首先创建了数据 x、y1 和 y2。然后，使用 subplots 函数创建一个具有一个轴的图形对象，并将其分配给变量 fig 和 ax1。接下来，在第一个轴 ax1 上绘制了 sin 曲线，并设置相关的标签和颜色。然后，使用 ax1.twinx 函数创建了第二个共享 x 轴的轴 ax2。在 ax2 上绘制了 cos 曲线，并设置相关的标签和颜色。最后，通过使用 ax1.get_lines 函数获取曲线对象，可以创建图例来显示每个轴上的曲线。

4.3.3 二维图表绘制

当使用 Matplotlib 库绘制二维图表时，可以按照以下步骤进行操作（以一次函数 $y=3x$ 为例）。

```
import matplotlib.pyplot as plt
# 创建必要数据
x = [1, 2, 3, 4, 5]
y = [3, 6, 9, 12, 15]
# 创建图表对象和子图对象
```

```
fig,ax = plt.subplots()
#通过调用相应的绘图函数来绘制所需类型的图形
ax.plot(x, y)
#设置图表的标题、标签、刻度等属性
ax.set_title('line chart---y=3x')
ax.set_xlabel('x axis')
ax.set_ylabel('y axis')
#显示图形
plt.show( )
```

输出结果如图 4-14 所示。

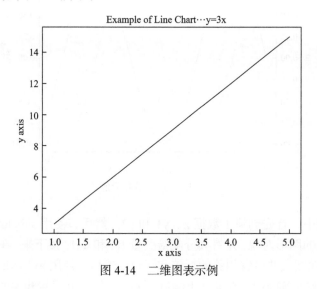

图 4-14　二维图表示例

4.3.4　三维图表绘制

要在 Matplotlib 中绘制三维图表，可以使用 mpl_toolkits.mplot3d 函数。以下是一个简单的示例，展示如何创建一个基本的三维折线图：

```
import matplotlib.pyplot as plt
from mpl_toolkits.mplot3d import Axes3D
# 创建一个三维坐标系
fig = plt.figure()
ax = fig.add_subplot(111, projection='3d')
# 生成随机数据
x = [1, 2, 3, 4, 5]
```

```
y = [2, 3, 4, 5, 6]
z = [3, 4, 5, 6, 7]
#绘制折线图
ax.plot(x, y, z)
#设置坐标轴标签
ax.set_xlabel('x axis')
ax.set_ylabel('y axis)
ax.set_zlabel('z axis)
#显示图形
plt.show()
```

输出结果如图 4-15 所示。

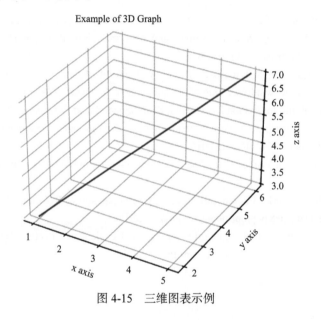

图 4-15　三维图表示例

这段代码首先导入了必要的模块，然后创建了一个 figure 对象和一个包含三维坐标系的子图。接下来，生成了一些随机数据（x、y、z），然后使用 scatter 函数绘制了散点图。最后，通过 set_xlabel、set_ylabel 和 set_zlabel 方法设置了坐标轴标签，并调用 show 方法显示图形。

除了散点图/折线图以外，Matplotlib 还提供了其他类型的三维图表，如线图、曲面图等，可以根据自己的需要使用不同的函数来创建不同类型的三维图表。

参 考 文 献

Barrett P, Hunter J, Miller J T, et al. 2005. Matplotlib—A portable Python plotting package. Astronomical Data Analysis Software and Systems, 347: 91.

Hunter J D. 2007. Matplotlib: A 2D graphics environment. Computing in Science and Engineering, 9(3): 90-95.

Kelta S, Go S, Hirokazu T, et al. 2008. Separated transcriptomes of male gametophyte and tapetum in rice: Validity of a laser microdissection (LM) microarray. Plant and Cell Physiology, 49(10): 1407.

Lou X T, van der Lee S, Lloyd S. 2013. AIMBAT: A Python/Matplotlib tool for measuring teleseismic arrival times. Seismological Research Letters, 84(1): 85-93.

Mandanici A, Alessandro Sara S, Fiumara G, et al. 2021. Studying physics, getting to know Python: *RC* circuit, simple experiments, coding, and data analysis with raspberry pi. Computing in Science & Engineering, 23(1): 93-96.

Roubeyrie L, Celles S. 2018. Windrose: A Python Matplotlib, NumPy library to manage wind and pollution data, draw windrose. Journal of Open Source Software, 3(29): 268.

Tosi S. 2009. Matplotlib for Python Developers. Birmingham: Packt Publishing Ltd.

Uieda L, Wessel P. 2017. A modern Python interface for the generic mapping tools. AGU Fall Meeting Abstracts, 2017: IN51B-0018.

Waskom M L. 2021. Seaborn: Statistical data visualization. Journal of Open Source Software, 6(60): 3021.

Wood M, Caputo R, Charles E, et al. 2017. Fermipy: An open-source Python package for analysis of Fermi-LAT Data. arXiv preprint arXiv: 1707. 09551.

Yim A, Chung C, Yu A. 2018. Matplotlib for Python Developers: Effective Techniques for Data Visualization with Python. Birmingham: Packt Publishing Ltd.

第 5 章

Pandas 数据处理与分析

5.1 Pandas 特点

Pandas（Python data analysis library）提供的是一个简单、高效、带有默认标签（也可以自定义标签）的 Series 与 DataFrame 对象，主要包括以下几个特点：

（1）能够快速从不同格式的文件中加载数据（如 Excel、CSV、SQL 文件），然后将其转换为可处理的对象。

（2）能够按数据的行、列标签进行分组，并对分组后的对象执行聚合和转换操作。

（3）能够很方便地实现数据归一化操作和缺失值处理。

（4）能够很方便地对 DataFrame 的数据列进行增加、修改或者删除的操作。

（5）能够处理不同格式的数据集，如矩阵数据、异构数据表、时间序列等。

（6）提供了多种处理数据集的方式，如构建子集、切片、过滤、分组及重新排序等。

5.1.1 Pandas 简介

Pandas 是一个免费、开源的第三方 Python 库，是 Python 的核心数据分析支持库，享有数据分析"三剑客之一"的盛名（NumPy、Matplotlib、Pandas）。Pandas 最初由 Wes McKinney（韦斯·麦金尼）于 2008 年开发，并于 2009 年实现开源。韩文煜（2020）曾对 Python 数据分析技术的数据进行了整理与研究。Pandas 纳入了大量库和一些标准的数据模型，旨在简洁明了地处理关系型、标记型数据，也提供了高效、便捷地处理数据的函数和方法。华振宇（2023）曾对两个 Python 第三方库 Pandas 和 NumPy 进行了比较。

Pandas 具备以下功能：

（1）合并数据。Pandas 提供了多种方法来合并不同的数据集，例如：使用 merge 函数按照指定的列将多个 DataFrame 进行合并；使用 concat 函数沿着指定轴将多个 DataFrame 堆叠在一起；使用 join 函数根据索引或列的值进行连接等。

（2）拆分数据。Pandas 提供了多种方法来拆分数据，从而使数据更加规整和易于处理，例如：使用 split 函数将包含多个值的单个列拆分成多个列；使用 explod 函数将包含多个值的多个列拆分成多个行；使用 str.split 函数将包含多个值的单元格拆分成多个字符串等。

（3）过滤数据。Pandas 提供了各种方法来筛选和过滤数据，例如：使用布尔条件进行行过滤；使用 filter 函数根据列名进行列过滤；使用 query 函数根据指定条件查询数据等。

（4）处理缺失值。在现实数据中，经常会出现缺失值问题。Pandas 提供了灵活的方法来处理缺失值，例如：使用 isnull 和 notnull 函数检测缺失值；使用 dropna 函数删除包含缺失值的行或列；使用 fillna 函数填充缺失值等。

（5）处理字符串。若需要对文本数据进行处理，Pandas 提供了一系列处理字符串的方法，例如：使用 str.contains 函数检测包含特定子串的值；使用 str.replace 函数替换字符串；使用 str.extract 函数提取符合指定模式的字符串等。

与其他语言的数据分析包相比，Pandas 的优势有：Pandas 的 DataFrame 和 Series 构建了适用于数据分析的存储结构；具备简洁的 API；能够与其他库集成，如 Scipy、scikit-learn 和 Matplotlib；官方网站给予完善资料的支持；提供良好的社区环境等。阙金煌（2021）基于 Anaconda 环境下的 Python 数据进行了分析及可视化研究。

Pandas 的目标是成为 Python 数据分析实践与实战的必备高级工具，其长远目标是成为最强大、最灵活、可以支持任何语言的开源数据分析工具。如今对于使用 Python 进行数据分析，Pandas 几乎是无人不知、无人不晓的。宋永生和黄蓉美（2021）基于 Python 进行了学习成绩及其可视化研究。

5.1.2　Pandas 安装

Pandas 是第三方库，需要单独安装才能使用，主要有以下两种 Pandas 安装方法。

1. 在 cmd 中安装

（1）打开 cmd 窗口，单击开始栏，搜索 cmd 并打开，如图 5-1 所示。

（2）快捷键 Win+R 打开终端进入图 5-2 界面，在终端界面对话框输入 "cmd"，如图 5-2 所示。

（3）找到安装 Python 的路径，通过右击 Python 快捷键，查找文件路径，如图 5-3 所示。

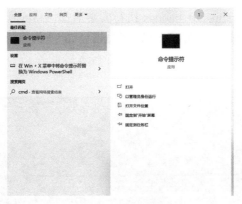

图 5-1　打开应用

图 5-2　开始运行

图 5-3　查找文件路径

（4）进入文件路径，再输入 cd +空格+文件路径，进入文件路径下进行安装，如图 5-4 所示。

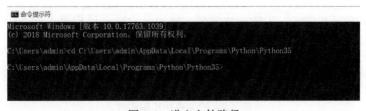

图 5-4　进入文件路径

（5）输入命令 pip install pandas 执行安装后如图 5-5 所示。提示：这里要求 Pandas 的安装是在已经安装好最新版本的 pip 库的前提下进行的。图 5-5 界面中出现红色字体，则可能是由于超时或 pip 库版本较低等。

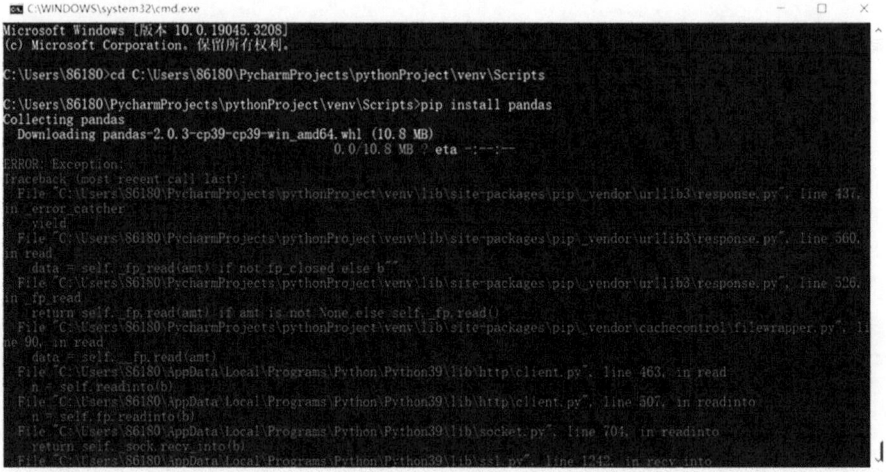

图 5-5　输入命令

此时换用了镜像的安装命令，安装成功界面如图 5-6 所示。

图 5-6　安装成功

（6）新建"test.py"文件进行测试，确定是否能够成功引入 Pandas 库，代码内容如图 5-7 所示，则说明安装成功，具体如图 5-8 所示。

```
1  import pandas as pd
2  print("Success!")
```

图 5-7　安装成功代码内容

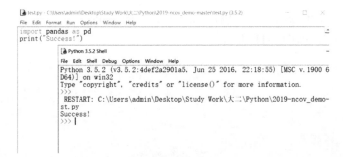

图 5-8　新建 "test.py" 文件

2. 在 PyCharm 开发环境中安装

（1）打开 PyCharm 后出现图 5-9 所示界面。

图 5-9　PyCharm 界面

（2）单击右上角 File→Settings，如图 5-10 所示。

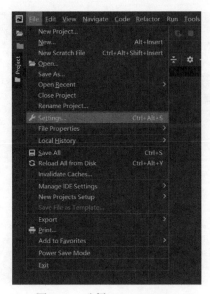

图 5-10　选择 File→Settings

（3）弹出 Settings 窗口，选择 Project: Projects→Project Interpreter，点击右侧的 "+"（加号），如图 5-11 所示。

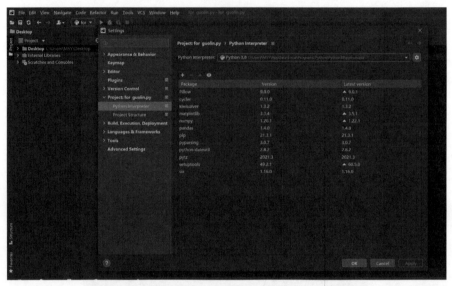

图 5-11 选择 Project: Projects→Project Interpreter

（4）进入搜索第三方库的界面（Available Packages 窗口），在搜索栏中输入想要安装的库或者模块（这里是 Pandas），选择 pandas，单击左下方的 Install Packages，如图 5-12 所示。

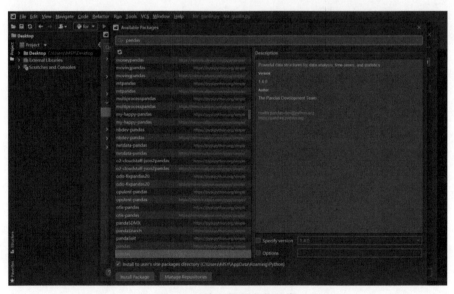

图 5-12 输入想要安装的库

（5）直至安装完成，该库显示字体颜色会变成蓝色，并且在上一个界面显示出已安装的库，如图 5-13 所示。

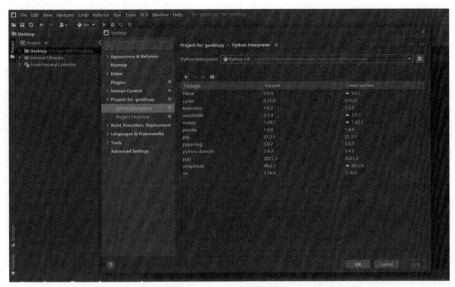

图 5-13　安装完成界面

5.2　Pandas 组成

5.2.1　Pandas 数据结构

Pandas 作为 Python 的核心数据分析支持库，它可为 Python 提供快速灵敏、目的明确且灵活的数据结构，目的在于处理关系型、标记型的数据。Pandas 是一个开源的、BSD（开放源代码的类 UNIX 操作系统）许可的编程库，也是为 Python 编程语言提供高性能计算的单机库。施军（2019）就跨平台统一 DataFrame 大数据编程模型与系统进行了分析研究，其提供了快速、灵活和富有表达力的数据结构 DataFrame，旨在使关系型的数据表处理工作变得简单直观。Pandas 具有自动化内存管理能力，底层算法用 Cython 实现，具有很高的性能，同时兼容 NumPy，拥有良好的 Python 生态。裴浩（2022）基于 Python+Pandas 的物料出入库数据进行了系统研究。在 Pandas 中主要有两种数据结构，分别是 Series（一维数据）和 DataFrame（二维数据），这两种数据足以在日常生活中处理各种问题并得到广泛应用。

5.2.2　Series 基础

Series 是 Pandas 常用的数据结构之一，它是一种类似于一维数组（有序且数据类型相同的集合）的对象，由一组为各种 NumPy 数据类型的数据以及一组与之相关的数据标签（也就是索引）组成，能够保存任何类型的数据（浮点数、字符串、整数、Python 对象等），一组数据即可产生最为简单的 Series，其中标签与数据值呈现一一对应的关系。Series 的标签一般默认是整数，并且从 0 开始逐级递增，通过标签人们可以更为直观明了地查看数据所在的索引位置。

Pandas 通过使用 Series 来创建 Series 对象，Series 对象可以用来调节相应的方法和属性，从而达到处理数据的最终目的。Series 的参数一般包括 data、index、dtype、copy，其中：data 为输入的数据，它可以是列表、常量、ndarray 数组等；index 为索引，在 Series 中索引值必须是唯一的，一般是列表，长度与 data 相同，并且规定默认从 0 开始；dtype 表示的是数据类型，在没有通过的情况下，系统会自动判断得出所属的数据类型；copy 即表示对输入的数据进行复制，默认为 False。Series 是一种一维数据结构，也就是说每一个元素都带有一个索引，其中索引可以是数字也可以是字符串。

Series 的常用属性名称描述如下：

（1）shape，即形状。

（2）size，即元素个数。

（3）index，即获取显式索引。

（4）values，即获取数据值，返回 NumPy 数组。

（5）name，通常会成为二维表格中的列字段名称。

5.2.3 DataFrame 基础

DataFrame 是一种在编程语言环境中易于使用的表数据编程模型，它对数据分析统计过程有着良好的抽象，因而得到了广泛的关注与使用，在数据分析、挖掘中都有着非常重要的作用。DataFrame 与 Series 不同，它是一种带标签的二维数组，相当于一个矩阵形式，每一单元格可以存放数值、字符等，这与所熟悉的 Excel 极其相似，但是在大文件的操作处理中，如上百万行的数据，Excel 是无法显示所有的数据的，并且由于所占内存极大，打开后会出现极其卡顿的现象，因此 DataFrame 是更为合适的选择。

DataFrame 是一种表格型的数据类型，它含有一组有序的列，每列是不同的值类型（数值、字符串、布尔型值等）。DataFrame 既有行索引也有列索引，它与 Series 共同使用一个索引，所以 DataFrame 可以看成由 Series 组成的字典。DataFrame 数据以一个或多个二维块存放，而不是列表、字典或其他一维数据结构。构建 DataFrame 的方式有很多，其中最常见最直接的方法就是直接传入一个由等长列表或 NumPy 数组组成的字典，在此过程中会自动加上索引且全部列为有序排列。

DataFrame 的常用属性如下：

（1）values，即数据值。

（2）index，即行标签。

（3）columns，即列标签。

（4）shape，即形状。

（5）size，即数据值总个数。

（6）dtypes，用于查看 DataFrame 的每一列的数据元素类型，在此需要注意的是要区分 Series 中的 dtype。Series 所包含的元素类型只有 1 种，但是 DataFrame 与之不同，DataFrame 的每一列都可以是不同的数据类型，因此返回的是数据元素类型的复数（dtypes）。

5.3　Pandas 应用

5.3.1　Pandas 数据操作步骤

Pandas 是基于 NumPy 创建的 Python 库，是 Python 的两种数据类型，即 Series（一维数据）和 Dataframe（二维数据）中常用的数据库，已成为数据分析工具的标准，具有便捷的数据处理能力、独特的数据结构、读取文件方便，可进行高性能数据分组、聚合、添加、删除等，封装了 Matplotlib 的画图和 NumPy 的计算功能。Series 和 Dataframe 在数据分析、机器学习、深度学习等领域经常被使用。董宇晖（2016）首次提出将 Pandas 应用于仿真领域。何春燕和王超宇（2018）对 Python+Pandas 的数据分析处理应用进行了研究。吴琳（2020）以工资数据年度汇总为例，详细阐述了利用 Pandas 工具对 Excel 表格中的工资数据实现了批量导入、识别标题行位置、清除特殊字符、清洗无效行、汇总与分析、描述性统计的过程。

Pandas 数据操作步骤如图 5-14 所示。

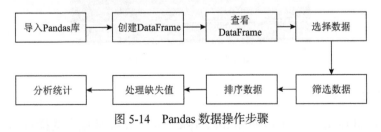

图 5-14　Pandas 数据操作步骤

1. 导入 Pandas 库

在使用 Pandas 之前，需要先导入 Pandas 库。通常的做法是使用 import 语句导入 Pandas 库，并给它起一个别名，代码如图 5-15 所示。

```
1  import pandas as pd
2
3  # 读取csv文件
4  df = pd.read_csv('data.csv')
5
6  # 读取excel文件
7  df = pd.read_excel('data.xlsx')
8
```

图 5-15　导入 Pandas 库

2. 创建 DataFrame

Pandas 中最常用的数据结构是 DataFrame，它类似于 Excel 中的表格，可以用来存储二维数据。可以通过多种方式来创建 DataFrame，如通过 CSV 文件、Excel 文件、SQL 数据库、Python 字典等，代码如图 5-16 所示。

```
1  # 导入pandas
2  import pandas as pd
3
4  pd.DataFrame(data=None, index=None, columns=None)
```

图 5-16　创建 DataFrame

3. 查看 DataFrame

创建了 DataFrame 之后，可以使用 head、tail、info、describe 等函数来查看它的基本信息，代码如图 5-17 所示。

```
1   # 查看前5行数据
2   df.head()
3
4   # 查看后5行数据
5   df.tail()
6
7   # 查看数据基本信息
8   df.info()
9
10  # 查看数据统计信息
11  df.describe()
12
```

图 5-17　查看 DataFrame

4. 选择数据

在 DataFrame 中，可以使用 loc、iloc、at、iat 等函数来选择数据，代码如图 5-18 所示。

```
1   # 按列选择
2   df['column_name']
3
4   # 按行选择
5   df.loc[row_index]
6   df.iloc[row_number]
7
```

图 5-18　选择数据

5. 筛选数据

可以使用布尔索引来筛选数据，代码如图 5-19 所示。

```
1   # 1. 直接筛选，返回的是Series类型
2   df['name']
3
4   # 2. 使用loc筛选，返回的是DataFrame类型
5   df.loc[:, ['name']]
6
7   # 3. 使用filter，返回的是DataFrame类型
8   df.filter(items=['name'])
```

图 5-19　筛选数据

6. 排序数据

可以使用 sort_values 函数对 DataFrame 进行排序，代码如图 5-20 所示。

```
1   # 升序
2   # print(df['aqi'].sort_values())
3   # 降序
4   print(df['aqi'].sort_values(ascending))
```

图 5-20　排序数据

7. 处理缺失值

在实际数据处理中，经常会遇到缺失值。Pandas 提供了一些函数来处理缺失值，如 isnull 和 notnull 等，代码如图 5-21 所示。

```
1   import pandas as pd
2   #None代表缺失数据
3   s=pd.Series([1,2,5,None])
4   print(pd.isnull(s))   #是空值返回True
5   print(pd.notnull(s))  #空值返回False
```

图 5-21　处理缺失值

5.3.2　Pandas 常用函数与方法

Pandas 常用的基本函数主要分为汇总函数、特征统计函数、唯一值函数、替

换函数、排序函数等。

1. 汇总函数

常用的汇总函数主要有以下四个：

（1）tail 返回表或序列的后 n 行，查看文件的指定行数的数据，默认是 5 行，代码如图 5-22 所示。

```
1  from pylab import *
2  import pandas as pd
3  import matplotlib.pyplot as plot
4
5  filePath = ("C:\\dataTest.csv")
6  dataFile = pd.read_csv(filePath,header=None,prefix="Z")
7
8  print(dataFile.tail())
```

图 5-22　tail 返回表

（2）head 返回表或序列的前 n 行，查看文件的指定行数的数据，默认是 5 行，下标从 0 开始，代码如图 5-23 所示。

```
1  DataFrame.head(n=5)
2              Return the first n rows.
3
4  Parameters:      n : int, default 5
5                          Number of rows to select.
6
7  Returns:             obj_head : type of caller
8                          The first n rows of the caller object.
```

图 5-23　head 返回表

（3）info 返回表的信息概况，获取 DataFrame 类型数据的具体信息，代码如图 5-24 所示。

```
1  import pandas as pd
2  frame=pd.read_csv("ETTh3.csv")
3  print(frame.info())
```

图 5-24　info 返回表

（4）describe 返回表中数值列对应的主要统计量，获取数据统计的基本统计信息特征，代码如图 5-25 所示。

```
1  import pandas as pd
2  s = pd.Series([1, 2, 3, 4])
3  print(s.describe())
```

图 5-25　describe 返回表

2. 特征统计函数

在 Series 和 DataFrame 上定义了许多统计函数,常见的有 sum、mean(均值)、median(中位数)、var(方差)、std(标准差)、max、min、quantile(返回分位数)、count(返回非缺失值个数)、idxmax(最大值对应的索引),其中聚合函数有一个公共参数 axis,axis=0 代表逐列聚合,axis=1 表示逐行聚合。

3. 唯一值函数

1)常用函数

unique 用于得到唯一值组成的列表,统计出指定列唯一存在的值有哪些。

nunique 用于得到唯一值的个数,统计出指定列唯一存在的值总共有多少个,范例代码如图 5-26 所示。

```
1   import pandas as pd
2
3   poke_data = pd.read_csv(r'res\pokemon.csv')
4
5   t1 = poke_data['Type 1'].unique()
6   # 输出 numpy.ndarray
7   type(t1)
8
9   t2 = poke_data['Type 1'].nunique()
10  # 输出 int
11  type(t2)
```

图 5-26　统计出指定列唯一存在的值

value_counts 用于得到唯一值及其对应出现的频数,范例代码如图 5-27 所示。

```
1  >>> pandas.value_counts(df.iloc[0])
2  B 3
3  A 3
4  Name: 0, dtype: int64
5  >>> pandas.value_counts(df.iloc[1])
6  A 4
7  B 2
8  Name: 1, dtype: int64
```

图 5-27　value_counts 得到唯一值及其对应出现的频数

drop_duplicates 用于去重,范例代码如图 5-28 所示。

```
1  df.drop_duplicates()                    #保留第一个值，返回副本
2  df.drop_duplicates(keep='last')         #保留最后一个值，返回副本
3  df.drop_duplicates(keep=False)          #删除所有重复值，返回副本
4  df.drop_duplicates('k1')                #删除第一列重复值，返回副本
5  df.drop_duplicates(['k1','k2'])         #删除全部列重复值，返回副本
```

图 5-28　drop_duplicates 去重

2）关键参数

first：保留第一次出现的重复行，删除后面的重复行。

last：删除重复项，除了最后一次出现。

False：把所有重复组合所在的行删除。

4. 替换函数

替换函数有三类：映射函数、逻辑函数、数值替换。

5. 排序函数

Sort_values 函数的原理类似于 SQL 中的 order by，可以将数据集依照某个字段中的数据进行排序。

5.3.3　Pandas 统计分析

Pandas 统计主要有两种：描述性统计和分组统计。

1. 描述性统计

用 describe 统计一个 DataFrame 信息，范例代码如图 5-29 所示，其中包括针对数值数据列的统计信息，如均值、标准差、最小值、最大值等。

mean 用于计算数据集的均值。

median 用于计算数据集的中位数。

mode 用于计算数据集的众数。

std 用于计算数据集的标准差。

var 用于计算数据集的方差。

count 用于计算数据集的非缺失值的数量。

2. 分组统计

group by 用于将数据集按照一个或多个列分组，并对每个分组应用一个或多个聚合函数，范例代码如图 5-30 所示。

sum 用于对每个分组中的数据进行求和。

count 用于对每个分组中的数据进行计数。

mean 用于对每个分组中的数据进行均值计算。

```
1   >>>import pandas as pd
2   >>>import numpy as np
3   #Create a Dictionary of series
4   >>>d = {'Name':pd.Series(['Tom','James','Ricky','Vin','Steve','Minsu','Jack',
5      'Lee','David','Gasper','Betina','Andres']),
6      'Age':pd.Series([25,26,25,23,30,29,23,34,40,30,51,46]),
7      'Rating':pd.Series([4.23,3.24,3.98,2.56,3.20,4.6,3.8,3.78,2.98,4.80,4.10,3.65])}
8
9   #Create a DataFrame
10  >>>df = pd.DataFrame(d)
11  >>>df
12      Age    Name    Rating
13  0   25     Tom     4.23
14  1   26     James   3.24
15  2   25     Ricky   3.98
16  3   23     Vin     2.56
17  4   30     Steve   3.20
18  5   29     Minsu   4.60
19  6   23     Jack    3.80
20  7   34     Lee     3.78
21  8   40     David   2.98
22  9   30     Gasper  4.80
23  10  51     Betina  4.10
24  11  46     Andres  3.65
```

图 5-29　描述性统计

```
1   import pandas as pd
2
3   pd.set_option('display.max_columns', 100)
4   pd.set_option('display.max_rows', 500)
5   pd.set_option('display.width', 1000)
6
7   # http://www.csindex.com.cn/zh-CN/downloads/indices?lb=%E5%85%A8%E9%83%A8&xl=1
8   # 通过读取 Excel 文件创建 DataFrame
9   df = pd.read_excel("index300.xls", sheet_name="Directive Index")
10  df.dropna(axis=1, inplace=True, thresh=5)
11  print(df)
12
13  groupbyIndexName = df.groupby('指数中文全称Index Chinese Name(Full)')
14  print(groupbyIndexName.count())
15  print(groupbyIndexName.mean())
16  print(groupbyIndexName.sum())
17  print(groupbyIndexName.std())
18  print(groupbyIndexName.describe())
19  print(groupbyIndexName.describe().transpose())
20
```

图 5-30　分组统计图

参 考 文 献

董宇晖. 2016. 基于 Pandas 的仿真应用研究. 通信技术, 49(7): 885-889.

韩文煜. 2020. 基于 Python 数据分析技术的数据整理与分析研究. 科技创新与应用, (4): 157-158.

何春燕, 王超宇. 2018. 基于 Python+Pandas 的数据分析处理应用. 数码世界, (7): 386.

华振宇. 2023. 两个 Python 第三方库：Pandas 和 NumPy 的比较. 电脑知识与技术, 19(1): 71-73, 76.

裴浩. 2022. 基于 Python+Pandas 的物料出入库数据分析系统. 信息技术与信息化, (10): 83-86.

阙金煌. 2021. 基于 Anaconda 环境下的 Python 数据分析及可视化. 信息技术与信息化, (4): 215-218.

施军. 2019. 跨平台统一 DataFrame 大数据编程模型与系统. 南京: 南京大学.

宋永生, 黄蓉美. 2021. 基于 Python 的学习成绩分析及可视化分析. 信息技术与信息化, (12): 100-102.

吴琳. 2020. Pandas 在工资数据年度汇总中的应用. 现代信息科技, 4(10): 87-88, 91.

第 6 章

卷积神经网络算法模型在茶叶生产加工及风味品质预测中的应用

6.1 茶叶概述

6.1.1 茶叶品质特点

茶叶，别名茶、茗、槚等，目前为世界上非酒精饮品最受欢迎的饮料之一（曾鸿哲等，2022），茶叶历史悠久且传播甚广，原叶通过一系列复杂的制作工艺，形成具有不同品质特点的成品茶。茶叶的品质特点主要从外形、汤色、滋味、香气和叶底五个评价指标来呈现。

茶叶外形和叶底是最为直观的茶叶品质特点。原叶外形条索因种类而异，就红茶而言，茶叶呈细长、细碎条状，绿茶多呈片状，而文山包种则多为自然卷曲条状；茶叶加工工艺中的揉捻工艺，对成茶外形起直接作用，目前市面成品茶外形主要有扁平形、雀舌形、眉形、浓眉形、勾曲形、卷曲形、珠形、颗粒形等33种。叶底虽不是提供饮用功能的对象，但其嫩度、色泽却是消费者对茶叶品质评价的一部分，具有一定的商业价值。

茶叶汤色与滋味品质特点的形成绝大部分取决于制作工艺。不同种类的茶叶在制作工艺中具有鲜明的特点，不同茶叶品质特点所对应的处理工艺也不尽相同，例如，绿茶所对应的杀青、红茶的特殊工艺渥红、白茶工艺中的萎凋及黑茶工艺中的渥堆等，均使茶叶表现出不同的品质特点（余立平，2019）。制作工艺不同所得茶叶在感官评价中呈品质特性不同。例如，绿茶经过杀青、揉捻和干燥三个较为简单的制作工艺而得，冲泡出的茶汤呈现出清澈透亮、滋味清爽的品质特点；红茶制作工艺较为复杂，原叶需经过两次发酵，最终茶汤呈现出色泽红亮、滋味甜润的品质特点（陈美丽，2013）；白茶原叶则先进行萎凋发酵，之后不做复杂处理，直接对其干燥处理即可，茶汤呈现出微色清澈、滋味清淡的品质特点；而黑茶则通过杀青、揉捻和渥堆等工艺，使茶汤呈现色泽深褐、滋味浓郁的品质特点。

所以，茶叶的品质特点除原叶本身的种类差异以外，不同的制作工艺是茶叶呈现出不同品质特点的关键及重要因素，且品质特点差异主要通过茶汤色泽和滋味所呈现。

茶叶香气为品质评价关键指标，随香气物质研究的逐步深入，其化合物类型逐渐明确。茶叶香味存在含量少、易挥发等特点，对其成分的解析与鉴定仍是茶叶品质研究的关注点与热点。

6.1.2　茶叶物质成分组成

经过鉴定与分析，发现茶叶中所存在的化合物高达 500 余种。茶叶富含茶多酚、茶多糖、咖啡因、茶氨酸等功能成分。茶叶具有预防肥胖、糖尿病、慢性炎症等疾病的功效（刘昌伟等，2022；刘仲华等，2021；欧阳建等，2020；曾鸿哲等，2020）。茶叶中的化学成分大多是可溶于水的物质，其代谢产物较多，可以有效促进生理活性，强化对人体的药理作用。从化学结构层面分析，茶叶主要包括干物质和水分两种，水分占 76%～79%，干物质占 21%～24%。干物质又可进一步划分为有机化合物和无机化合物两种，其中有机化合物约有 450 种，包括蛋白质、氨基酸、生物碱、茶多酚、有机酸、芳香烃、维生素等物质。无机化合物包括非水溶性物质和水溶性物质（郑瑛珠，2020）。

6.1.3　茶叶分类

根据 GB/T 30766—2014《茶叶分类》，茶叶分为茶叶类和再加工茶叶类，其中茶叶类分为六大类，再加工茶叶类分为四类，以加工工艺、产品特性为分类原则，结合茶树品种、鲜叶原料、生产地域进行分类。在茶叶类的六大类产品中，仅黑茶具有渥堆工艺，则将其划分为熟茶；红茶与黑茶均具有发酵工艺，其他四类茶叶均无发酵工艺。就目前现有茶叶而言，茶叶分为绿茶、白茶、黄茶、青茶、红茶和黑茶六大类。不同类别的茶叶，其品质特点具有很大差异。深入了解茶叶的制作过程并明确其分类，有利于人们更好地把握不同种类茶叶的功效与用途，对茶叶文化的传承起到推动作用（魏先林和徐建新，2011）。

6.2　花　果　茶

6.2.1　花果茶的品质特点

花果茶是一种新式的茶饮料，由茶叶搭配花卉和水果精制而成，因其独特的香气和口感而备受喜爱。各种不同成分的花果茶在风味上虽略有不同，但其品质特点均主要体现在以下几个方面。

1. 香气浓郁

花果茶中的花朵和水果能够释放出丰富的芳香物质,使茶水散发出浓郁的香气,给人带来愉悦的体验。根据感官评价,花果茶的香味主要分为甜香、清香、果香、花香等,且不同的原料具有不同的香气等级。迄今为止,从茶叶的挥发性成分中鉴定出约 700 种香气化合物(Lu et al., 2023),主要包括醇类、醛类、酮类、酸类、酯类、酚类和杂环类化合物,它们是茶叶香气的关键化学基础。此外,花果茶制作过程中采用的独特工艺也有助于提取和保留原材料中的香气成分,如蒸馏、浸泡等过程使花果茶的香气逐渐扩散,从而充满浓郁的香气。

2. 口感丰富

花果茶的口感丰富多样,既有花朵的轻盈和清爽,又有水果的甜美和酸爽,让人感受到不同层次的口味。首先,花果茶的口感清爽宜人。花朵的芳香和水果的酸甜交融在一起,使得茶水带有自然清新的气息。其次,花果茶的口感醇厚丰满。花朵和水果的精华融入茶水中,赋予茶饮浓郁的口感。此外,花果茶的口感变化多样,这是因为花果茶有很多不同的原材料可以选择,并且每种原材料的品质和比例也可以不同,这就使得同一杯花果茶,可能在不同的制作工艺下味道完全不同(杨慧等,2023)。

3. 色彩鲜艳

花果茶的色彩通常呈现出明亮鲜艳的色调,如红、橙、黄等,给人以视觉上的享受。其颜色主要来自于原料中的花朵和水果:如玫瑰花为花果茶赋予红色的色彩,柠檬则为花果茶增添明亮的黄色,这些色彩的组合使得花果茶在视觉上更加丰富多样。除了其本身的色彩,花果茶在制作过程中也可能加入一些色彩调剂,如可以使用食用色素或天然植物染料来调整茶饮的色彩。当然,花果茶的色彩不仅仅是视觉上的享受,还反映了其中的营养成分,如红色花果茶可能富含番茄红素,有助于增强免疫力和保护眼睛健康。

4. 营养丰富

花果茶集茶味与花果香于一体,不仅有茶的功效,而且花果中的营养成分也具有良好的保健功能(李脉泉等,2022)。当前已被证实茶的保健功能主要有抗氧化、抗衰老、防癌、抗癌、增强免疫功能、抗辐射及重金属毒害、美容等。而不同茶叶的主要成分因制作工艺不同有很大的差异,这主要得益于花果茶中的花朵和水果含有丰富的蛋白质、脂类、糖类和维生素等营养物质以及多酚、皂苷和萜类等生物活性物质,能满足人体的生理活动需求。

6.2.2 花果茶物质成分组成

1. 营养及功能成分

花果茶的营养成分以碳水化合物和水分为主，也含有部分蛋白质、脂肪、灰分；功能成分则包括儿茶素、茶碱类、黄酮类、苯丙素类、三萜类、多酚类、皂苷、没食子酸、槲皮素、原花青素、鞣质等（李脉泉等，2022）。

2. 维生素

水果是花果茶的重要原料之一，富含维生素 C、维生素 E、纤维素等营养物质，为茶水增添了丰富的口感和香甜味道。其中维生素 C 含量最多，可以据其来区分不同类型的花果茶，并且其具有很强的抗氧化作用，能够增强人体免疫力。

3. 糖类和有机酸

花果茶中主要含有蔗糖、葡萄糖、果糖三种糖类，但在不同配比的花果茶中其含量的差异较大，如清香型花果茶中蔗糖含量较高，葡萄糖、果糖含量较低；而果香型产品蔗糖含量最低，果糖、葡萄糖含量较高；花香型产品的三种糖含量差不多。另外，不同种类花果茶的有机酸种类不同，如含有枇杷的花果茶中的有机酸以柠檬酸为主，其次是苹果酸，琥珀酸含量很低，还有微量富马酸（杨颖等，2022）。

4. 氨基酸

花果茶中主要有天冬氨酸、谷氨酸、丝氨酸、组氨酸、甘氨酸、苏氨酸、精氨酸、丙氨酸、酪氨酸、半胱氨酸、缬氨酸、蛋氨酸、苯丙氨酸、异亮氨酸、亮氨酸、赖氨酸、脯氨酸等 17 种氨基酸，其中游离氨基酸含量很低，水解氨基酸含量相对较高，且游离氨基酸和水解氨基酸均为天冬氨酸最高。

5. 微量元素

花果茶含有丰富的微量元素，其中 K、Ca、Na、Mg、P 及 Fe 的含量较为丰富，尤其是 K 含量较高，对于人体健康具有良好的作用。

6. 挥发性物质

挥发性物质主要影响花果茶的香气品质，而香气品质作为监测品质的关键指标，在花果茶的茶叶风味分析、等级评价和大众消费取向中发挥着重要作用（Lu et al., 2023）。在茉莉花果茶中含有大量挥发性成分，如醇类、酯类、醛类等，其中以乙酸苄酯为代表的酯类化合物和以芳樟醇为代表的醇类化合物是主要的挥发性成分以及茉莉花果茶香气的主要成分；玫瑰花果茶也含有挥发性成分，如醇类、酯类、萜类、醛类、酮类等，其中以甲基丁香酚、X-香茅醇、β-苯乙醇和香叶醇为代表的酯类和醇类化合物对玫瑰花果茶的香气起主要作用。

7. 其他添加剂

为了增加花果茶的口感和稳定性，有时还会添加一些酸味剂、防腐剂等。

6.2.3　花果茶制作过程

花果茶的生产加工包括原料验收、原料加工和质量检测三大过程（庞文媛等，2023）。

1. 原料验收

我国暂无明确、统一的花果茶国家加工标准和果茶加工标准。花茶中，仅茉莉花茶制定了相应的国家生产加工标准，即 GB/T 34779—2017《茉莉花茶加工技术规范》，加工标准的缺位限制了花果茶的规模化和标准化生产，使得花果茶在原料验收过程难以准确地进行质量等级的划分，甚至可能出现以次充好的情况。

2. 原料加工

花茶加工步骤：预处理→窨制→通花→起花→复火窨制→提花和包装。

果茶加工步骤：预处理→干制→调配→包装。

加工环节对成品茶品质影响最大，传统的花茶加工方式一般为窨制，窨制可分为传统窨制、增湿连窨和隔离窨制。在花茶的窨制过程中，花茶品质易受窨制时间、窨制温度、配花量的影响。果茶的加工方式包括直接打浆或干制加工，干制方式有自然晒干、真空冷冻干燥、热风干燥、远红外干燥等，如图 6-1 所示。果茶的品质一般通过改变干燥温度和干燥时间来进行调控。

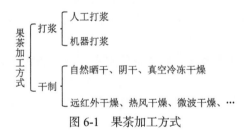

图 6-1　果茶加工方式

3. 质量检测

1）传统分级方法

通过感官审评和品质检验判定花茶和果茶品质的优劣。然而，感官审评容易受个人嗜好的制约，品质检验存在检测时间长、操作烦琐、效率低等缺点。

2）新型仪器应用

近年来，电子鼻、电子舌、气相色谱-质谱仪（GC-MS）等分析技术在花果茶样品质量检测中得到了广泛的应用，对于茶样的质量分类，可以实现挥发性物质的定性和半定量分析。

3）机器学习算法

在食品领域中，机器学习已被广泛应用于包括花果茶在内的香气滋味识别判定、食品安全质量检验和质量分级等方面，如在辅助花果茶香气滋味的识别判定中，机器学习通过无监督算法的应用能够自动识别出成品茶香气品质等级，为检测挥发物的不良特性提供科学依据，并且可以有效避免感官审评中主观因素的影响；在花果茶等食品安全质量检验方面，机器学习可以根据食品的类别、生产年份、掺杂物、掺假点和检测点来判定食品是否为假冒伪劣产品；在产品质量分级中，机器学习有效避免了人工分级和化学检验分级的缺陷，使产品分级变得更加准确，也为食品标准化生产和规范化提供了技术保障。

6.3　茉莉花茶

6.3.1　茉莉花茶的品质特点

茉莉花茶是我国特种茶之一，原产于福建福州，福建省是我国茉莉花茶的主要生产与出口省份。传统茉莉花茶由烘青绿茶为原料，经精制加工成各级型坯后，用茉莉鲜花窨制而成。

已有综述表明（陈力，2015），福建茉莉花茶传统的外销产品主要有茉莉银毫、茉莉春风、茉莉春毫、特级至六级花茶等，其相应品质特征如下。

茉莉银毫：外形肥壮匀嫩毫显，香气浓郁鲜灵，滋味鲜爽醇厚，汤色清澈明亮淡黄，叶底肥嫩匀亮毫芽显。

茉莉春风：外形细嫩多毫，香气浓郁鲜爽，滋味醇和甘美，汤色黄亮清澈，叶底匀亮细嫩。

茉莉春毫：外形紧细细嫩显毫，香气浓郁，滋味鲜浓醇和，汤色黄亮清澈，叶底细嫩匀亮。

特级茉莉花茶：外形紧结多毫，香气鲜浓，滋味鲜浓醇和，汤色黄亮，叶底嫩软匀亮。

一级茉莉花茶：外形紧结有毫芽，香气鲜浓纯正，滋味醇和，汤色黄亮，叶底软亮。

二级茉莉花茶：外形紧结有毫，香气尚鲜浓纯正，滋味尚鲜醇，汤色黄尚明亮，叶底尚软。

三级茉莉花茶：外形尚紧结、匀整，香气尚鲜浓纯正，滋味纯和，汤色黄尚明亮，叶底稍软尚绿亮。

四级茉莉花茶：外形稍粗壮，香气稍淡，滋味纯和，汤色黄稍欠明亮，叶底尚黄绿稍摊展。

五级茉莉花茶：外形较粗松，香气较低平，滋味淡薄有粗味，汤色黄稍暗，叶底摊展。

六级茉莉花茶：外形松扁较轻飘、欠匀，香气粗淡，滋味粗带涩，汤色黄较暗，叶底粗老花杂。

内质是茉莉花茶品质的主要因素，以香气、滋味、汤色、叶底来鉴别。茉莉花茶品质尤以内质香味为主，通常通过鲜、浓、纯三个方面来评定。优质的花茶要同时具有鲜、浓、纯的香味，其相应特点如下。

香气：鲜度好的茉莉花茶一般纯度也好，但浓的茉莉花茶不一定都鲜，也不一定都纯。茉莉花茶香气与其滋味一般呈正相关，香气鲜、滋味醇，香气浓、滋味厚，香气纯、滋味细。在浓的基础上鲜，在鲜的前提下浓，鲜浓结合好的花茶品质才佳。

鲜度：鲜度指香味鲜灵程度。当审评花茶香气时掀开杯盖首先反应是这杯茶的新鲜程度如何。"鲜灵"是指香气表现十分敏锐，即"一嗅即感"，是高级花茶才具有的品质特征。不鲜、陈味都是低档花茶或陈茶的表现特征。因此鲜度在审评时应作为第一个因素来看待。

浓度：浓度指花茶香气的持久性，表现为花茶的耐泡度，即多次冲泡。香气持久耐泡为浓度好的花茶。相反香气薄，不持久，一泡有香、二泡就闻不到香气，浓度就差。通常低等级花茶因窨次少其浓度比不上窨次多的高级别花茶。花茶的耐泡度是反映其品质好坏的重要指标，因此审评时不能只泡一次就草草做出品质高低的结论，尤其是高档花茶的审评，通常要 2～3 次的冲泡，甚至更多。

纯度：纯度指花香、茶香的纯正度。茉莉花茶中不能透出其他花香味，茶香味中不能有烟焦及其他异味。茶香味中的粗与细，醇与苦涩，一般情况下，外观叶底色泽及汤色有相关表现。在窨制过程，通花、起花、烘焙等处理不当，往往出现闷味、水汽味、酵味、火焦味等，失去原有花茶的鲜度，因而也影响到花茶的纯度。

滋味：滋味主要评浓度和鲜、纯度。品尝花茶滋味鲜爽、浓纯为好。滋味与香气在正常情况下一般呈正相关性，香气鲜、滋味爽，香气浓、滋味纯，香气纯、滋味细；若发现香气有异，在滋味上要认真加以鉴别。

汤色：汤色以黄绿、清澈明亮为好，黄暗或泛红为劣。

叶底：叶底以嫩绿、黄绿、匀亮为好，粗展、欠匀、色暗或红张为劣。

6.3.2　茉莉花茶的物质成分组成

通常茉莉花茶以茶叶、茉莉花为原料，窨花拼和，经过一吸一吐形成茉莉花茶。茉莉花茶主要以小叶茶的烘青绿茶为原料窨制而成，仅云南元江的茉莉花茶以大叶茶制作的晒青毛茶（普洱生茶）为原料。福州九窨茉莉花茶茶坯主要采用清明前单芽烘青绿茶，选择福鼎大白茶、福鼎大毫茶、福安大白茶等滋味醇厚、耐泡的茶树品种制成的茶坯,部分茉莉花茶还以白兰打底以增强茉莉花茶的香气。因此，茉莉花茶的组成成分有茉莉花和茶叶，还可能有白兰花。

茉莉花茶的香气主要由茶底从新鲜茉莉花中吸收，因此茉莉花茶鲜活的香气成分主要来源于茉莉花。茉莉花含有多种有效挥发性成分，其中有醇类、酯类、萜类、烃类、酮类、醛类、酚类、含氮化合物、碳氢化合物等。在茉莉花茶中也检测醇类、酯类、萜类、固氮类、醛类、烃类等，每种挥发性化合物在茉莉花茶中的作用不同，其香气成分组成部分如图 6-2 所示，其相应含量描述如下。

图 6-2　茉莉花茶香气成分

醇类：茉莉花所含的芳樟醇和苯甲醇分别占醇总含量的 52.32% 和 30.91%。芳樟醇在茉莉花茶中赋予花香、果香和木质气味，苯甲醇提供甜美、烘烤、温和、果香和柑橘般的香气。在醇类中，有一些挥发性化合物与茉莉花茶的等级呈负相关，包括环戊酮、1-己醇、（Z）-芳樟醇氧化物和（E）-芳樟醇氧化物，这四种挥发性化合物存在于绿茶中，现有研究表明环戊酮、（Z）-芳樟醇氧化物和（E）-芳樟醇氧化物与绿茶的等级呈负相关。另外，苯乙醇、α-松油醇和香叶醇均来源于茉莉花，具有花香或甜味。

醛类：在茉莉花茶中检出苯甲醛、癸醛、己醛、（E，E）-2,4-庚二烯醛和 β-环柠檬醛五种醛。尽管醛类占已鉴定挥发性有机化合物的 0.88%，但由于其气味阈值低，它们仍然对香气性能有很大贡献。在醛类中，具有杏仁、焦糖香气的苯甲醛以及具有青草、油脂和柑橘香气的癸醛在茉莉花茶香气中起着至关重要的作用。在这里，所有五种醛都与茉莉花茶的等级呈负相关。

酯类:酯类占茉莉花茶已鉴定挥发性有机化合物的 63.47%，与等级呈正相关。

乙酸苄酯、(Z)-3-己醇苯甲酸酯、邻氨基苯甲酸甲酯及水杨酸甲酯为茉莉花茶的主要挥发性香气成分。其中乙酸苄酯具有花香、果味, (Z)-3-己醇苯甲酸酯具有绿色、辛辣、木质香气, 而草本植物具有茉莉花的突出香气特征。邻氨基苯甲酸甲酯具有桃子的香甜和葡萄的香味。水杨酸甲酯具有甜、辣、薄荷的气味, 被认为是红茶的重要香气化合物, 酯类的挥发性化合物大多与茉莉花茶的等级呈正相关。

酮类: 在茉莉花茶中检测出 6-甲基-5-庚烷-2-酮和苯乙酮两种酮。6-甲基-5-庚烷-2-酮为甜味, 果味浓郁, 带有橙色气味, 但对茶香气影响不大, 6-甲基-5-庚烷-2-酮的相对含量与其品质等级呈负相关。

酚类: 茉莉花茶中检出的苯酚为丁香酚, 它可能起源于茉莉花, 具有丁香般的辛辣气味。

碳氢化合物: 茉莉花茶碳氢化合物中具有花香和草本气味的 α-法尼烯含量最丰富, 被认为是茉莉花茶中重要的香气成分之一。此外, 月桂烯、蒎烯 D 和 α-法尼烯等与茉莉花的等级呈正相关, 而 α-蒎烯和柠檬烯与其等级呈负相关。

含氮化合物: 茉莉花茶中的含氮化合物是吲哚, 它具有坚果、花香、樟脑丸和烧焦的香气, 为茉莉花茶的主要香气成分之一, 与其等级呈正相关。

6.3.3　茉莉花茶制作过程

茉莉花茶窨制工艺分为茶坯处理、鲜花养护、窨花拌和、散热续窨、起花分离、复火摊凉、提花或转窨等工序, 流程较为复杂, 从窨花拌和到复火摊凉, 属于一个窨次, 多次重复这些步骤就是多窨。实际制作中, 不同的茶花质量标准, 需要采用不同的窨次手法, 高级的茉莉花茶需要经过多次窨制, 相应的用花量也较多, 其制作过程如图 6-3 所示, 描述如下。

图 6-3　茉莉花茶制作过程

1. 茶坯处理

茉莉花茶的茶坯处理是指窨制前的茶坯处理,其目的是提升茶坯的吸香能力,创设一个茉莉花与茶坯相融合的条件。当前茉莉花茶的茶坯处理流程主要包括复火干燥和冷却两个环节。首先在复火干燥中,需要制作者采用高温仪器,快速烘干茶坯。一般情况下,烘干机的温度需要保持在 120～130℃,烘干时间为 10min。在烘干时还需注意,铺就的茶坯需要均匀,厚度一致,防止高温烘焦或者不熟。烘干完成后,茶坯含水量保持在 4.0%～4.5% 的为一级、二级茶坯,4.6%～5.0% 的为三级、四级茶坯,含水量越高,说明茶坯的级别越高,质量越低。制作者可以根据季节和天气的变化适时掌握茶坯的水分烘干程度。其次,在冷却环节中,茶坯需要经过通凉降温环节,冷却到 30～33℃,避免因水汽过多而造成茶气闷浊,致使花茶新鲜度不够。同时,茶坯冷却时,制作者会利用透凉机,保证茶坯温度能保持在合理的区间内。

2. 鲜花养护

这里的鲜花养护主要是指鲜花处理。花茶制作者需要将采摘下来的鲜花进行挑选、检查、简单处理之后再进行下一步流程。具体在窨制前,需要通过摊花和堆花反复交替,来控制鲜花的生理变化。运输时,一般鲜花是在下午六点左右进厂。进厂后,鲜花必须及时摊凉散热,避免运送过程中产生的高温对鲜花造成破坏;摊放厚度一般保持在 15cm 之下,10cm 之上。茉莉花的堆放湿度过大时,可以借助风扇力量来进行前期排湿,当鲜花温度下降后进行重新堆放,使花温继续上升,促进鲜花吐香。当花温度上升到 40℃时,便需再次摊凉散热,如此反复 3～4 次。当花开放率达到 70% 左右时,即可进行筛选环节。筛花是指花蕾在筛床振动作用下,对鲜花的杂质、尘土进行过滤,主要作用是分选大、中、小类品种的花瓣,并按照级别进行配茶。

3. 窨花拌和

窨花拌和是指将茶坯和鲜花充分搅匀之后,采用适当的方式将材料堆放好,便于鲜花释放香气,茶坯吸收香气。窨花拌和前需要确定茶花配比。对于茉莉花茶,花茶制作工序繁杂,制作不易,因此用量较多,每 100kg 茶叶,相配比之下要用到 95～105kg 的鲜花。高档的茉莉花茶,除了配比要求较高,还需进行 3～5 次的分次窨花。低档的茉莉花茶则只需要经过 1～2 次窨花,甚至直接将窨过的花再次窨制使用。二级茶叶窨花时,只需要用 70kg 左右的鲜花,三级茶叶窨制时准备 50kg 左右鲜花即可,往下依次减少。在窨花拌和和收堆时,需要根据场地的大小来控制空气流通程度和窨制的数量。一般而言,制作者采用的是条窨和块窨两种方法。条窨时,堆放高度以 30～40cm 为主;块窨时,以 25～30cm 的高度最为适宜。

4. 散热续窨

散热续窨又称"收堆续窨"，是指将鲜花通风散热，然后将茶坯成堆放置，继续窨制，便于茶坯持续吸收香气，同时这一环节还能继续挥发花瓣中的水汽，使鲜花恢复生机，继续吐香。窨制时，当花堆温度上升到标准程度时，需要将其平摊开来，通过来回翻动及时散发热气。这时可以打开门窗或者使用排气扇，快速使茶坯温度下降。当等到堆温与室温相差无几时，继续收堆续窨，这一过程称为通花。通花是窨制工艺中的重要环节，直接决定了最后成品的茶香鲜浓度。在窨制时需注意，要参照时间、温度、含水量、香气浓度、鲜花的萎缩程度等因素来确定通花时间。使用箱窨时，应将茶坯倒在通风阴凉的地面铺平，茶、花厚度为保持一致，每隔 10min 翻动一次，使其快速散热，若发现平铺不均匀之处，需要及时拌匀。当花朵萎蔫香气淡薄时则可起花，进行下一步的起花分离流程。

5. 起花分离

通花流程完成后，散热续窨流程不宜拖沓，应根据茉莉花的释香程度、气温高低等的变化，开始起花分离环节。起花时，要求茶中没有花渣，花渣与茶叶分离。起花顺序是：先用抖筛机将茶和花分离，然后多次窨制的茶花先起，少次窨制的茶花后起，同窨次的优先高级茶花。起花后，茶叶水分仍然较高，需要及时平铺散热，并立即进行干燥处理，防止湿坯损坏。筛选出的花朵称为花渣，也要及时摊开放凉，压窨或者复火干燥。整个过程中花逐渐呈现凋萎状，色泽由白转为微黄，鲜花香气微弱，这时便需制作者严格按照窨次与配花标准分别起花。若头窨起花过早，花香尚未被茶坯吸收充分，则会造成茶香不够浓厚；若起花过晚，鲜花则会萎缩变质，影响茶叶的风味。因此，制作者在起花时，应将时间控制在 3h 之内，快速筛净花瓣，分离茶坯。

6. 复火摊凉

复火摊凉环节对最后茶品形成的品质影响较大，容易导致茉莉花香难以驻留，茶品质量下降。因此，制作者需要严格掌控温度、时间等变量因素。温度确定时应根据茶坯的等级、窨制次数、茶坯含水量等不同要求来确定，根据干燥适宜的温度来对茶坯温度进行控制和调节，如此有助于改善成品的香气品质。干燥冷却环节实施的目的在于降低湿坯含水量，持续保持茶坯的香气，防止茶叶变质。一般而言，窨花之后的湿坯含水量与下花量有关，可达到 12%～16%，这时的湿坯含水量仍然较高，制作者会采用低温薄摊的方式慢速烘干茶坯。烘干中又可根据茶品质量的不同要求来灵活使用烘干方式，如烘装、烘转、烘提，产品出厂水分标准的要求不同，所使用的烘干方法也会有所不同。烘干后的茶叶在制品中，统称为茶坯，这时的茶坯温度较高，需要及时摊凉，冷却之后方可装箱。至此，茶引花香的窨制流程基本完成。

7. 提花或转窨

提花的过程在于提高花茶的新鲜度，有时制作者为了增强花茶的花香浓度，会继续进行复窨，这便是转窨的过程。高档的茶坯，制作者会再处理两到三次，每次窨制的工艺与之前流程大体不变，不同的是对时间和水分的控制调配需有变化。在窨花完成后，再使用少量鲜花进行窨制处理，起花后直接匀堆装箱，不再进行复火干燥处理。在提花时，可用少量白兰鲜花作为辅助材料，增强香气浓度。打底鲜花选择时需要注意与主导花香气协调，而且需注意用量和用法。提花过程中，茶堆温度保持在 42℃以下。提花时应注意多次测量茶坯中的含水量，一旦含水量达到要求标准，即可起花装箱。而且制作者还需注意提花时长，根据不同茶类特性，将提花时间控制在 6～8h，低档茶坯提花时长可达 10h。

6.4 卷积神经网络算法模型在花果茶生产加工中的应用

6.4.1 卷积神经网络算法概述

卷积神经网络是一种前馈神经网络，最早在 1986 年 BP 算法中提出，1989年 LeCun 将其运用到多层神经网络中，但直到 1998 年 LeCun 提出 LeNet-5 模型，神经网络的雏形才基本形成。卷积神经网络的基本结构一般由卷积层（convolution layer）、激活函数（activation layer）、池化层（pooling layer）三种结构组成，是首次将多个隐藏层成功训练起来的模型，如图 6-4 所示，也是深度学习技术发展到端到端的一个代表作（Vivekanandan and Praveena，2021）。卷积神经网络能通过对数据不断地学习然后提取特征，优化自身性能，所以具有很强的泛化性，因此在花果茶生产加工中的应用有一定的研究价值（Liu et al.，2021）。

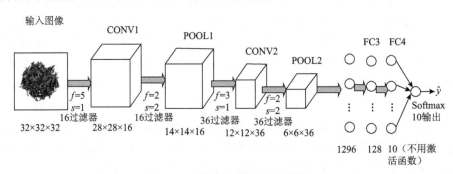

图 6-4　卷积神经网络基本结构

6.4.2　卷积神经网络算法模型

卷积是一个局部关联的计算方式，在卷积层，输入层的每个神经元不是进行全连接处理，而是与滤波器做卷积运算，滤波器的宽度和高度都会更小，但是深度需要与输入层深度保持一致。通过该处理，每个神经元仅与输入数据的一个局部进行连接，该连接的范围就是该神经元的感受野，范围的大小就是滤波器的尺寸（为一个超参数）。

在卷积运算中涉及如下参数及含义，卷积计算层深度为 D，步长为 S，零填充数量为 P，步长即滤波器每次移动的偏移数量，当 $S=1$ 时每次移动 1 个像素，当 $S=2$ 时移动 2 个像素。后面会对 P 进行详细解读，该处仅理解为若 $P=0$，则维持原数据不变；若 $P=1$，则在原数据四周均补充一圈 0 值，从 6×6 矩阵变为 8×8 矩阵，即尺寸变为 6+P×2，计算公式如式（6-1）所示：

$$S(i, j) = (I \times W)(i, j) = \sum_m \sum_n I(i+m, j+n)W(m, n) \qquad (6\text{-}1)$$

其中，I 为原始图像；W 为卷积算子；i 为计算起始行数；j 为计算起始列数；m 为所选取的卷积算子的起始行数；n 为所选取的卷积算子的起始列数。

6.4.3　卷积神经网络算法模型在花果茶生产加工检测中的应用

随着图形处理单元（graphics processing unit，GPU）的快速发展和卷积神经网络的兴起，卷积神经网络在图像分类与识别中取得了一定突破。石新丽等（2021）结合图像处理、模式识别和目标检测算法 YOLO 对五类玉米害虫进行识别，其识别和分类效果均较好。类成敏等（2022）提出一种多尺度注意力残差网络对四种桃树害虫进行识别，该方法识别准确率为 93.27%。刘裕等（2022）设计了一种基于多尺度双路注意力胶囊网络的水稻害虫识别方法，在数据集 IP102 上进行了验证，识别准确率达到 95.31%。彭红星等（2022）设计了一种农作物害虫识别模型，在自建害虫数据集上进行实验，其识别率为 79.49%。董伟等（2019）构建了蔬菜害虫分类识别数据集和检测计数数据集，设计了基于深度卷积神经网络的识别模型。由以上可以看出，在计算机视觉领域，卷积神经网络对农业病虫害检测的许多方面都取得了不错的进展，且成效显著，对农业病虫害领域的发展有极大的贡献。

相较于在农业害虫防治领域中的应用，卷积神经网络在花果茶生产加工中的应用局限性仍较大，研究较少，因该方法对所使用的计算机硬件要求较高，并且需要输入大量的实验数据进行测试，因此实验数据的好坏对识别的训练结果至关重要（周伟，2022；郑远攀等，2019）。然而，现阶段花果茶的图像识别模块研究仍存在较大的空缺，从而会导致卷积神经网络模型训练不足而达不到理想的识别速度和精度。因此，在卷积神经网络基础上进行改良神经网络算法，提高识别数据的精确度和速度是亟须解决的问题之一。

梁秀豪等（2023）采用四种目标检测算法（SSD、YOLOv3、YOLOX 和 RetinaNet）在油茶数据集上进行实验。结果表明，IOU（在特定数据集中检测相应物体准确度）阈值为 0.5 时，SSD 的平均精度为 93.50%，YOLOX 为 93.50%，RetinaNet 为 86.80%，YOLOv3 为 96.60%；SSD 的平均召回率为 73.20%，YOLOX 为 75.10%，RetinaNet 为 78.00%，YOLOv3 为 76.80%。综合分析，YOLOv3 的检测和分类能力最优。张怡等（2021）采集 8 种常见绿茶（丽水香茶、信阳毛尖、六安瓜片、太平猴魁、安吉白茶、碧螺春、竹叶青和龙井）共 1713 张图片，基于 ResNet 卷积神经网络，从识别模型的预测能力、收敛速度、模型大小和识别均衡性等角度探索了不同网络深度和不同优化算法的建模效果，最终选择 ResNet-18 结构、SGD 优化算法，建立了区分 8 种绿茶的深度学习模型，其对复杂背景茶叶图片的识别准确率达到了 90.99%，单张图片识别时间仅为 0.098s。

以上均说明，通过改良卷积神经网络算法并将其运用到花果茶生产加工过程具有一定的可行性，也为更深入地研究奠定了理论基础。

6.5　卷积神经网络算法模型在茉莉花茶物理预测上的应用

6.5.1　茉莉花茶物理简介

茉莉花茶作为传统饮品之一，拥有悠久的历史和丰富的文化底蕴，以其独特的香气和口感赢得了众多茶客的青睐。然而，茉莉花茶并不仅仅是一种美味的饮品，它背后隐藏着许多物理性质和科学原理，例如，不同的茉莉花茶茶叶的形状、大小、颜色等与水相互作用可以产生不同的溶解过程，即不同数据特征的茶叶可以影响清香释放的机制，最终决定了所得茉莉花茶的香气、滋味、汤色、叶底；同样室内环境的温度与压力对气体溶解度等的影响也决定了所生产的茉莉花茶的品质以及冲泡所得的茉莉花茶的口感和气味变化。

可以说，一位声名远扬的沏茶大师常常可以依据经验来确定以上种种因素，从而使其所泡的茶符合茶客的需要。而卷积神经网络算法模型恰恰能够模拟这位大师的判断，通过收集茉莉花茶的多种物理特征数据，设置对应的激活函数，因此我们可以手动创造一个属于自己的"沏茶大师"。

6.5.2　茉莉花茶物理测试组成

根据卷积神经网络模型的布局，可以对应地安排茉莉花茶的物理测试内容，其步骤如下。

1. 数据采集

正如前文所述，需要先收集茉莉花茶的物理特性数据。对于不同品种的茉莉花茶，可以收集的数据包括茶叶的形状、大小、颜色等；对于相同品种茶叶的冲泡机制探究则可以收集该种茶叶与水的相互作用过程中的温度、时间、溶解度等数据。

2. 数据预处理

对采集到的数据进行预处理，包括数据清洗、归一化处理等，确保数据的准确性和一致性，使其适用于卷积神经网络模型的输入。

3. 模型设计

设计卷积神经网络模型，确定输入层、卷积层、池化层和全连接层等结构。根据测试目标和数据特点，选择适当的模型架构，具体描述如下。

1）输入层

将茉莉花茶的物理特性数据作为输入，这些数据可以包括茶叶形状、大小、颜色等信息，以及茶叶与水的相互作用过程中的温度、时间、溶解度等数据。

2）卷积层

使用卷积核对输入数据进行特征提取。所设计的卷积核需要捕捉所输入的茉莉花茶的物理特性中的局部模式和结构信息。若单个卷积核不能满足设计要求，则可以使用多个卷积核来获取不同尺寸的特征。

3）池化层

对卷积层的输出进行下采样，减少特征图的维度并保留重要的特征。常见的池化操作包括最大池化和平均池化。

4）全连接层

将池化层的输出连接到一个或多个全连接层，用于学习茉莉花茶的物理特性和相关的预测目标。通过全连接层实现捕捉茉莉花茶品质优劣的全局特征和相互关系。

4. 训练模型

使用采集到的茉莉花茶数据集，将其分为训练集和验证集。使用训练集对模型进行训练，通过 BP 算法调整模型参数，使其逐渐收敛并学习茉莉花茶的物理特性。

5. 模型评估

使用验证集对训练好的模型进行评估，计算模型的准确率、精确度等指标。根据评估结果，对模型进行优化和调整，以提高其性能。

6. 测试与预测

使用测试集对优化后的模型进行测试，并进行茉莉花茶物理特性的预测；比较预测结果与实际结果，评估模型的预测能力和准确性。

7. 结果分析与应用

通过所设计的模型的测试结果，分析茉莉花茶的物理特性对所需输出的影响。例如，可以对不同种类茉莉花茶的品质选择或者制作过程等方面进行优化和改进。

综上所述，使用卷积神经网络算法模型对茉莉花茶进行物理测试，需要采集合理的数据，依据科研需要设计模型，进行训练和评估，并最终分析测试结果，为茉莉花茶的品质选择和制作工艺方法提供科学依据和改进方向。

6.5.3　卷积神经网络算法模型在茉莉花风味品质物理预测上的应用

根据卷积神经网络模型的布局，可以对应地安排茉莉花茶的物理预测内容，其步骤如下。

1. 香气识别

卷积神经网络可以用于识别茉莉花茶的香气特征。通过电子鼻、电子舌或者气相色谱-质谱仪提供茉莉花茶样本的气味数据作为输入，对香气数据进行标签化，将茉莉花香气的样本分为不同的类别，如强香、中香、淡香等，训练所设计的模型，使其能够学习茉莉花茶香气的物理特征，并预测茉莉花茶样本的香气强度、种类或香气组成。已有报道，可以利用超快速气相电子鼻对枸杞样品进行检测（赵秋龙等，2023），建立气味指纹图谱，对共有气味峰进行指认，并运用卷积神经网络判别模型对所得数据进行处理，筛选气味成分。也可以在小型现场可编程门阵列（field programmable gate array，FPGA）中实现深度神经网络气味识别，首先需要按需求写出一种基于深度可分离卷积神经网络的轻量级气味识别算法以减少参数，加快硬件实现性能；其次，尝试在芯片中实现这种算法，也称为饱和层 KL 散度方案（SF-KL）；最后就可以在收集到的数据集上进行运算。仿真实验和硬件可以验证其有效性（Mo et al.，2021）。

2. 口感评估

通过训练模型，将茉莉花茶的物理特性数据（如温度、浸泡时间、茶叶中某一成分的浓度、茶叶大小以及汤色等）作为输入，结合相关的口感评价数据（如醇厚、清淡、涩口或是口感的丰富度以及香气等）作为标签，模型可以自主学习茉莉花茶的口感特征，并预测不同茶叶和冲泡条件下的口感品质。以茶多酚（TP）为例，其不仅是茉莉花茶中最重要的风味物质，也是衡量茶叶品质的重要指标之一。可以构建一维卷积神经网络（1D-CNN）和二维卷积神经网络（2D-CNN）（Luo et al.，2022），分别提取茶叶高光谱图像的光谱深度特征和空间深度特征。其次，将光谱深度特征、空间深度特征和光谱-空间深度特征作为机器学习模型的输入变量，包括偏最小二乘回归（partial least squares regression，PLSR）、支持向量回归（support vector regression，SVR）和随机森林（RF）。最后，利用自建的不同等级对茉莉花茶的高光谱数据集进行训练、测试和评价。这就是利用高光谱成像技术预测茶多酚含量，属于光谱分析和图像处理技术的融合，它是一种茶多酚含量的准确、无损检测技术，也是茶叶生产、品质鉴定、分级等方面的关键技术。这种基于卷积神经网络提取的光谱-空间深度特征的茶多酚预测模型，不仅打破了传统浅层特征的局限性，而且创新了集成深度学习在茶叶无损检测中的技术路径。此外，还可以考虑使用循环神经网络（RNN）或长短期记忆（long short-term memory，LSTM）等模型来捕捉茉莉花茶口感中的时间序列特征。

3. 质量分类

利用卷积神经网络模型，可以对茉莉花茶的质量进行分类。通过训练模型，使用茉莉花茶样本的物理特性数据（如茶叶形状、叶底颜色、叶片大小等）作为输入，茶叶的质量评估结果（如评分、等级等）作为标签，模型可以学习茉莉花茶的质量特征，并对新的茶叶样本进行质量分类预测。例如，通过五个品种茶叶和四个不同等级龙井茶叶为研究对象，利用近红外光谱与卷积神经网络相结合的方法，实现茶叶品种和等级的鉴别（圣阳等，2022）。对实验采集得到的 800～2500nm 原始光谱使用小波分析算法进行预处理，对预处理后的光谱数据分别采用联合区间偏最小二乘法、连续投影算法、竞争性自适应重加权算法提取特征波长，然后建立卷积神经网络分类模型，实现茶叶品种和等级的鉴别。结果显示：连续投影算法+卷积神经网络对品种和等级鉴别的准确率分别达到了 95.83%和96.67%，竞争性自适应重加权算法+卷积神经网络将准确率进一步提升到97.72%和98.67%。这些结果表明，特征波长提取结合卷积神经网络，可以实现对茶叶品种和等级的无损鉴别。

4. 病虫害防治

农作物病虫害识别检测已成为深度学习技术在农业领域的研究热点，例如，能够通过图像识别技术对农作物病虫害种类进行准确、快速的识别，降低农业者因经验不足和理论知识缺乏而造成误判的风险。国外也有提出使用深度卷积神经网络进行茶叶灰霉病病害质量检测的技术（Pandian et al.，2023）。首先使用单镜头反射式数字图像相机采集茶叶图像，用于制备茶叶灰霉病病害数据集。数据集中的非灰霉病病叶图像被分为两个子类，如健康和其他病叶，再利用图像变换技术，如主成分分析、随机旋转、随机移位、随机翻转、调整大小和缩放用于生成茶叶的增强图像。深度卷积神经网络模型在健康、感染灰霉病和其他病害茶叶的图像上进行了训练和验证，其分类准确率、精确率、召回率、F 测度和误分类率分别为 98.99%、98.51%、98.48%、98.49% 和 1.01%。测试结果表明，深度卷积神经网络模型在茶叶灰霉病病害检测方面优于现有技术。

　　以上应用示例仅展示了卷积神经网络在茉莉花茶风味品质物理预测方面的部分潜在应用。实际上，卷积神经网络模型还可以应用于茉莉花茶的颜色预测、浸泡时间优化等方面，这需要根据具体的研究目标和数据特征进行模型设计和训练。

6.6　卷积神经网络算法模型在茉莉花茶
化学指标预测上的应用

6.6.1　茉莉花茶化学指标简介

　　GB/T 22292—2017《茉莉花茶》规定了茉莉花茶的要求、实验方法、检验规则、标志标签、包装、运输和储存。本标准适用于以绿茶为原料，加工成级型坯后，经茉莉鲜花窨制（含白兰鲜花打底）而成的茉莉花茶。GB/T 22292—2017 规定茉莉花茶化学指标包括水分、总灰分、水浸出物、粉末、茉莉花干等五个项目，详见表 6-1。

表 6-1　GB/T 22292—2017 规定的茉莉花茶的化学指标质量分数（单位：%）

质量分数	特种、特级、一级、二级	三级、四级、五级	碎茶	片茶
水分	≤8.5			
总灰分	≤6.5		≤7.0	
水浸出物	≥34		≥32	
粉末	≤1.0	≤1.2	≤3.0	≤7.0
茉莉花干	≤1.0	≤1.5	≤1.5	

6.6.2　茉莉花茶化学指标测试组成

茉莉花茶是花茶中的主流产品，茉莉花茶除了具有独特的香气，还具有良好的保健功能，是一类受众范围极其广泛的饮品，深受广大消费者喜爱。茉莉花茶不仅是一种用来食用的茶叶类型，还是中国人民劳动智慧的结晶，加工茉莉花茶过程中不仅应用到了各种传统的制茶工艺，还应用到了花香提炼技术，能够将传统与时尚结合、将花与茶结合。

由于茉莉花茶的品种较多，不同的茶坯基底和加工工艺也造成了茉莉花茶品质参差不齐，因此除去通过茉莉花茶的物理指标来评价其品质的好坏，茉莉花茶的化学指标也是作为评价茉莉花茶品质优劣的因素之一，其测试流程如图 6-5 所示，具体描述如下。

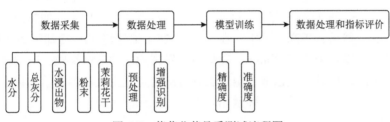

图 6-5　茉莉花茶品质测试流程图

1. 数据采集

其采集实验数据内容包含水分、总灰分、水浸出物、粉末、茉莉花干等的含量。通过实验步骤采集茉莉花茶的化学指标数据，在明亮光线条件下手动拍摄照片，图像越高清则含有的特征越多，越有利于模型的学习，因此本研究所选择的图像数据集的图像大小基本都在 100KB 以上，扩展格式基本为 JPG 和 PNG。

1）水分

水分检测根据国家标准 GB 5009.3—2016《食品安全国家标准　食品中水分的测定》的规定执行，此标准第一法（直接干燥法）适用于温度 101～105℃，蔬菜、谷物及其制品、水产品、豆制品、乳制品、肉制品、卤菜制品、粮食（含水量低于 18%）、油料（含水量低于 13%）、淀粉及茶叶类等食品中水分的测定。其实验试剂及含量如下。

盐酸溶液（6mol/L）：量取 50mL 盐酸，加水稀释至 100mL。

氢氧化钠溶液（6mol/L）：称取 24g 氢氧化钠，加水溶解并稀释至 100mL。

海砂：取用水洗去泥土的海砂、河砂、石英砂或类似物，先用盐酸溶液（6mol/L）煮沸 0.5h，用水洗至中性，再用氢氧化钠溶液（6mol/L）煮沸 0.5h，用水洗至中性，经 105℃干燥备用。

水分检测步骤为：取洁净铝制或玻璃制的扁形称量瓶，置于 101～105℃干燥箱中，瓶盖斜支于瓶边，加热 1.0h，取出盖好，置干燥器内冷却 0.5h，称量，并重复干燥至前后两次质量差不超过 2mg，即为恒重。将混合均匀的试样迅速磨细至颗粒粒径小于 2mm，不易研磨的样品应尽可能切碎，称取 2～10g 试样（精确至 0.0001g），放入此称量瓶中，试样厚度不超过 5mm，如为疏松试样，厚度不超过 10mm，加盖，精密称量后，置于 101～105℃干燥箱中，瓶盖斜支于瓶边，干燥 2～4h 后，盖好取出，放入干燥器内冷却 0.5h 后称量。然后放入 101～105℃干燥箱中干燥 1h 左右，取出，放入干燥器内冷却 0.5h 后再称量。并重复以上操作至前后两次质量差不超过 2mg，即为恒重。

2）总灰分

总灰分的检测根据国家标准 GB 5009.4—2016《食品安全国家标准食品中灰分的测定》。总灰分检测步骤为：称取试样后，在电热板上以小火加热使试样充分炭化至无烟，然后置于高温炉中，在（550±25）℃灼烧 4h。冷却至 200℃左右，取出，放入干燥器中冷却 30min，称量前如发现灼烧残渣有炭粒，应向试样中滴入少许水湿润，使其结块松散，蒸干水分再次灼烧至无炭粒即表示灰化完全，方可称量。重复灼烧至前后两次称量相差不超过 0.5mg 为恒重。

3）水浸出物

茉莉花茶中水浸出物根据国家标准 GB/T 8035—2009《焦化苯类产品酸洗比色的测定方法》中对茶叶水浸出物的规范测定。

称取 2g（精确至 0.001g）试样于 500mL 锥形瓶中磨碎，加沸蒸馏水 300mL，立即移入沸水浴中浸提 45min（每隔 10min 摇动一次）。浸提完毕后立即趁热减压过滤，用约 150mL 沸蒸馏水洗涤茶渣数次，将茶渣连同已知质量的滤纸移入烘皿内，然后放入（120±2）℃的恒温干燥箱内，皿盖打开斜至皿边，烘干 1h，加盖取出，冷却 1h 后再烘 1h，立即移入干燥器内冷却至室温，称量。

4）粉末

称取充分混匀的试样 100g（精确至 0.1g），倒入规定的粉末筛内，筛动 100下。将筛下物称量（精确至 0.1g），即为粉末含量。

5）茉莉花干

按四分法缩样 200g，用托盘天平准确称量样品 100g，分拣出花干和花托，称量。

2. 数据处理

实验研究获得的原始图像大小不一，对图像采取一定的预处理措施，可以增强模型对目标物体的识别效果，同时也可以避免网络的过拟合。

3. 模型训练

通过实验训练提高模型的精确度和准确度。

4. 数据处理和指标评价

即根据数据处理结果与评价标准得出相应的结果。

6.6.3 卷积神经网络算法模型在茉莉花茶病虫害检测上的应用

茉莉花茶是一类受众范围极其广泛的饮品，有益于人的身体健康，深受消费者喜爱。同时茉莉花茶的品种较多，品质参差不齐，因此茉莉花茶的化学指标也是评价茉莉花茶品质优劣的因素之一。

计算机视觉技术兴起于 20 世纪 50 年代，发展至今已有 70 多年历史，其研究成果影响着人类社会发展的各个领域，也影响着人类社会发展的进程，在农业领域中主要运用于粮食作物的选种、粮食作物生长发育状况的检测、杂草鉴定、粮食作物的收获和生长发育状况监测等。

卷积神经网络的基本结构一般由卷积层、激活函数、池化层三种结构组成，是首次将多个隐藏层成功训练起来的模型，也是深度学习技术发展到端到端的一个代表作。在进行图像识别任务时，由神经元组成的局部感受野对图像形变能有较大的容忍度。在进行图像分类时，把卷积核输出的特征作为输入送入全连接层，由全连接层来执行标签的映射。卷积神经网络具有识别精度高、检测速度快等优点。早期，国外学者将图像处理与卷积神经网络结合起来对农作物病虫害进行检测，并且取得不错的成果，对具体的某一类病虫害检测已经实现了较高的准确率，对农业领域病虫害检测具有重大意义。为识别出葡萄叶部不同等级的病害，何欣等（2021）提出了一种使用多尺度卷积核组合的方式改进 ResNet 底层对不同尺度特征响应的方法，并加入 SENet 提升网络的特征提取能力，得到了一种基于多尺度残差神经网络的识别方法（王细萍等，2015），识别准确率为 90.83%；基于卷积神经网络和时变冲量学习提出了苹果病变图像识别的方法，与浅层学习方法及深度学习方法相比，识别病变类别时，准确率为 97.45%，且收敛速度快、识别性能好。

目前，随着国内经济的不断繁荣发展，卷积神经网络被运用于各类农作物中。高震宇等（2017）结合计算机视觉技术和深度学习方法，设计了一套鲜茶叶智能分选系统，搭建了基于 7 层结构的卷积神经网络识别模型，通过共享权值和逐渐下降的学习速率，提高了卷积神经网络的训练性能，经过实验验证，该分选系统可以实现鲜茶叶的自动识别和分选，识别正确率不低于 90%，可对鲜茶叶中的单芽、一芽一叶、一芽二叶、一芽三叶、单片叶、叶梗进行有效的类别分选，以及用于茶树病虫害识别（Chen et al., 2019）、茶叶等级筛分（Borah et al., 2007）。

在茶叶方面，王子钰等（2020）通过 Otsu 图像分割算法、G-B 颜色特征和形态学处理算法等来增加老叶和嫩芽的颜色差异，然后通过 SSD 目标检测算法训练茶叶嫩芽识别模型，最终实现茶叶嫩芽的目标检测。基于 ResNet 卷积神经网络，张怡等（2021）从识别模型的预测能力、收敛速度、模型大小和识别均衡性等角度探索了不同网络深度和不同优化算法的建模效果，最终选择 ResNet-18 结构、SGD 优化算法，建立了区分 8 种绿茶的深度学习模型，模型对复杂背景茶叶图片的识别准确率达到了 90.99%。

6.7　卷积神经网络算法模型在茉莉花茶微生物指标预测上的应用

6.7.1　微生物指标检测概述

根据 GB/T 23784—2009《食品微生物指标制定和应用的原则》，微生物指标是指对某个产品或某个批次产品可接受程度的规定。这个规定基于单位质量、单位体积、单位表面积或每一批次产品中微生物（包括寄生虫）和（或）其代谢产物及毒素检出与否或数量。

我国目前现行的食品安全标准中，主要针对菌落总数、大肠菌群、沙门氏菌、商业无菌等具体的指标进行限定，同时也会说明各不同指标相应的检测方法和依据。

6.7.2　微生物指标检测组成

传统的微生物指标检测工艺主要是收集小的样品，然后利用细菌培植，经过两三天的时间之后就能知道是否有微生物存在（谭慧林和周菲，2012）。但是速度上还是太慢，下面介绍几种微生物指标检测的常用方法。

1. 采用快速酶触反应及代谢产物的检测

细菌在生长繁殖过程中可合成和释放某些特异性的酶，所以根据其特性来选用相对应的底物和指示剂，并记录反应的结果。

2. 采用分子生物学技术

分子生物学技术又包括两种技术：核酸探针技术，根据碱基互补的原则，用特定的方法测定标记物；聚合酶链式反应（polymerase chain reaction, PCR）技术，其原理为通过加热使双链脱氧核糖核酸（deoxyribonucleic acid, DNA）裂解成两条单链，成为引物和 DNA 聚合酶的模板；然后降低温度，使寡聚核苷酸引物与 DNA 分子上的互补序列退火。一般情况下退火温度越高，扩增特异性越好。

3. 采用免疫学方法检测细菌抗原和抗体的技术

免疫学方法检测细菌抗原和抗体的技术有三种。第一种是荧光抗体检测技术，包括直接荧光抗体检测法和间接荧光抗体检测法。直接荧光抗体检测法是在试样上直接滴加已知特异性荧光标记的抗血清，经洗涤后在荧光显微镜下观察结果。间接荧光抗体检测法是目前常用的方法，广泛应用于各种微生物的检测中（鄢庆枇等，2006）。先用已知未标记的抗体（第一抗体）与待检抗原反应或用未知抗体与已知抗原反应，反应一定时间后，洗去未结合的抗体，再与标记的抗免疫球蛋白抗体（二抗）反应。在第一步反应中，若抗原和抗体发生反应，则抗体被固定在标本上，那么第二步反应中标记的抗体（二抗）必然与第一步反应形成的抗原、抗体复合物中的抗体发生反应，这样就可以通过二抗的示踪，对标本中未知抗原或抗体进行鉴定。第二种是免疫酶技术，其是将抗原、抗体特异性反应和酶的高效催化作用原理结合，是一种新颖且实用的免疫学分析技术。通过共价结合将酶与抗原或抗体结合，形成酶标抗原或抗体，或通过免疫方法使酶与抗酶抗体结合，形成酶抗体复合物。第三种是免疫磁珠分离法（李雅静和吴绍强，2008），利用人工合成的内含铁成分，可被磁铁磁力所吸引，外有功能基团，可结合活性蛋白质（抗体）的磁珠，作为抗体的载体。磁珠上的抗体与相应的微生物或特异性抗原物质结合后，则形成抗原-抗体-磁珠免疫复合物，这种复合物具有较高的磁响应性，在磁铁磁力的作用下定向移动，使复合物与其他物质分离，而达到分离、浓缩、纯化微生物或特异性抗原物质的目的。

4. 仪器法

例如，使用微型全自动荧光酶标分析仪（MiniVIDAS）、全自动微生物分析系统（VietkAMS）等。

通常来说，茉莉花茶检测的微生物指标主要有以下几个。

1）大肠菌群

大肠菌群是一类常见的肠道细菌，其存在可能表明茶叶遭受了污染，容易引发肠道疾病。

2）沙门氏菌

沙门氏菌是一种引起食物中毒的常见细菌，其存在可能表示茶叶受到了粪便污染。

3）霉菌和酵母菌

霉菌和酵母菌是茶叶常见的微生物，它们可以引起霉变和发酵，影响茶叶的品质和安全性。

除此之外，铜绿假单胞菌是一种常见的细菌，其存在可能表明茶叶受到了水污染。总菌落数是评估茶叶质量和卫生状况的重要依据（苏涛等，2019），它表示茶叶中各种微生物的总数。过高的总菌落数可能表示茶叶受到了较重的污染，品质存在严重问题。

6.7.3　卷积神经网络算法模型在茉莉花茶微生物指标预测上的应用范围

卷积神经网络算法模型在茉莉花茶微生物指标预测上的应用主要包含以下几部分内容。

1. 图像分析与预测

通过训练一个卷积神经网络模型，可以将茉莉花茶图像与微生物指标进行关联，此模型可以自动学习图像中的特征（陶国柱，2021），并分析与哪种微生物指标有联系，这样就可以对茉莉花茶微生物指标进行预测。

2. 优化模型

通过观察卷积神经网络模型的响应，得出茉莉花茶图像中的哪些特定区域、特定像素组合对微生物指标预测起到关键作用，再不断优化模型。

3. 异常检测与自动化检测

训练一个卷积神经网络模型，然后对正常微生物指标与异常微生物指标进行区分，这样在检测过程中就可以自动分析异常指标并将其自动筛选出来。

当模型训练完成并且效果较好时，可以使用该模型对新的茉莉花茶微生物图像进行检测。将新的图像输入此模型中，然后根据输出的结果对茉莉花茶的微生物指标进行预测。

除此之外，在模型训练过程中，数据的质量与数量都尤为重要，这将对模型预测的准确性产生较大影响，因此采样训练图像时要统一标准，严格按照要求采样。当然，还要综合考虑数据收集、模型建立、模型训练、结果解释等各方面。

参 考 文 献

陈力. 2015. 福建茉莉花茶品质特征、审评技巧及其拼配技术. 中国茶叶加工, (3): 58-60.

陈美丽. 2013. 基于感官审评与化学计量学的茶叶色香味品质研究. 杭州: 浙江大学.

董伟, 钱蓉, 张洁, 等. 2019. 基于深度学习的蔬菜鳞翅目害虫自动识别与检测计数. 中国农业科技导报, 21(12): 76-84.

高震宇, 王安, 刘勇, 等. 2017. 基于卷积神经网络的鲜茶叶智能分选系统研究. 农业机械学报, 48(7): 53-58.

何欣, 李书琴, 刘斌. 2021. 基于多尺度残差神经网络的葡萄叶片病害识别. 计算机工程, 47(5): 285-291, 300.

类成敏, 牟少敏, 孙文杰, 等. 2022. 基于多尺度注意力残差网络的桃树害虫图像识别. 山东农业大学学报(自然科学版), 53(2): 253-258.

李脉泉, 董云霞, 张灿, 等. 2022. 常见花茶的功能成分与生物活性研究进展. 现代食品科技, 38(9): 361-373.

李雅静, 吴绍强. 2008. 免疫磁性分离技术在食源性疾病检测中的应用. 食品工业科技, (12): 248-251.

梁秀豪, 杨丽萍, 廖旺姣, 等. 2023. 基于卷积神经网络的油茶害虫生态识别. 广西林业科学, 52(3): 361-366.

刘昌伟, 张梓莹, 王俊懿, 等. 2022. 茶黄素生物学活性研究进展. 食品科学, 43(19): 318-329.

刘裕, 赵保平, 张述嘉, 等. 2022. 基于多尺度双路注意力胶囊网络在水稻害虫识别中的应用. 西南农业学报, 35(7): 1573-1581.

刘仲华, 张盛, 刘昌伟, 等. 2021. 茶叶功能成分利用"十三五"进展及"十四五"发展方向. 中国茶叶, 43(10): 1-9.

欧阳建, 周方, 卢丹敏, 等. 2020. 茶多糖调控肥胖作用研究进展. 茶叶科学, 40(5): 565-575.

庞文媛, 孙意岚, 王芹, 等. 2023. 机器学习在花果茶生产加工中的应用进展. 食品安全质量检测学报, 14(11): 181-189.

彭红星, 徐慧明, 刘华鼐. 2022. 基于改进 ShuffleNet V2 的轻量化农作物害虫识别模型. 农业工程学报, 38(11): 161-170.

圣阳, 焦俊, 滕燕, 等. 2022. 基于卷积神经网络和近红外光谱的茶叶品种和等级鉴别. 分析科学学报, 38(5): 552-560.

石新丽, 赵墨然, 李海川, 等. 2021. 基于图像处理的玉米害虫种类识别系统研究. 农业与技术, 41(12): 28-31.

苏涛, 毛永杨, 田金兰, 等. 2019. 食品安全标准中微生物检验指标的问题分析及建议. 食品安全质量检测学报, 10(9): 2801-2807.

谭慧林, 周菲. 2012. 食品微生物的检测指标分析. 中国新技术新产品, (13): 5.

陶国柱. 2021. 基于卷积神经网络的茉莉花病虫害识别算法研究. 南宁: 广西民族大学.

王细萍, 黄婷, 谭文学, 等. 2015. 基于卷积网络的苹果病变图像识别方法. 计算机工程, 41(12): 293-298.

王子钰, 赵怡巍, 刘振宇. 2020. 基于 SSD 算法的茶叶嫩芽检测研究. 微处理机, 41(4): 42-48.

魏先林, 徐建新. 2011. 浅谈茶叶的分类与品质特点. 南昌高专学报, 26(5): 186-188.

鄢庆枇, 邹文政, 纪荣兴, 等. 2006. 应用荧光抗体技术检测牙鲆体内的河流弧菌. 海洋科学, (4): 16-19.

杨慧, 李玉壬, 吴神群, 等. 2023. 不同杀青方式对柑橘花茶品质的影响. 食品科学, 44(3): 105-111.

杨颖, 邢建荣, 徐晓丹, 等. 2022. 塘栖枇杷果茶营养成分与风味物质分析. 浙江农业科学, 63(10): 2302-2306.

余立平. 2019. 茶叶的分类与品质特点探讨. 种子科技, 37(3): 85-86.

曾鸿哲, 黄翔翔, 禹利君, 等. 2020. "金花散茶"及"金花菌粉"对被动吸烟小鼠肺组织 JAK2/STAT3 炎性及磷酸化蛋白表达的影响. 茶叶科学, 40(2): 165-172.

曾鸿哲, 周方, 刘昌伟, 等. 2022. 茶及其功能成分对肠道菌群调节作用的研究进展. 中国茶叶加工, (1): 5-10.

张怡, 赵珠蒙, 王校常, 等. 2021. 基于 ResNet 卷积神经网络的绿茶种类识别模型构建. 茶叶科学, 41(2): 261-271.

赵秋龙, 江群艳, 严辉, 等. 2023. 基于超快速气相电子鼻对不同产地枸杞子快速识别及气味差异物质研究. 南京中医药大学学报, 39(6): 513-522.

郑瑛珠. 2020. 茶叶的主要化学成分及其营养价值. 福建茶叶, 42(11): 21-22.

郑远攀, 李广阳, 李晔. 2019. 深度学习在图像识别中的应用研究综述. 计算机工程与应用, 55(12): 20-36.

周伟. 2022. 基于卷积神经网络的多聚焦图像融合算法研究. 南京: 南京邮电大学.

Borah S, Hines E L, Bhuyan M. 2007. Wavelet transform based image texture analysis for size estimation applied to the sorting of tea granules. Journal of Food Engineering, 79(2): 629-639.

Chen J, Liu Q, Gao L W. 2019. Visual tea leaf disease recognition using a convolutional neural network model. Symmetry, 11(3): 343.

Liu Y, Pu H B, Sun D W. 2021. Efficient extraction of deep image features using convolutional neural network (CNN) for applications in detecting and analysing complex food matrices. Trends in Food Science & Technology, 113: 193-204.

Lu W H, Chen J, Li X B, et al. 2023. Flavor components detection and discrimination of isomers in Huaguo tea using headspace-gas chromatography-ion mobility spectrometry and multivariate statistical analysis. Analytica Chimica Acta, 1243: 340842.

Luo N, Li Y L, Yang B H, et al. 2022. Prediction model for tea polyphenol content with deep features extracted using 1D and 2D convolutional neural network. Agriculture, 12(9): 1299.

Mo Z F, Luo D H, Wen T T, et al. 2021. FPGA implementation for odor identification with depthwise separable convolutional neural network. Sensors, 21(3): 832.

Pandian J A, Nisha S N, Kanchanadevi K, et al. 2023. Grey blight disease detection on tea leaves using improved deep convolutional neural network. Computational Intelligence and Neuroscience, 2023: 7876302.

Vivekanandan K, Praveena N. 2021. Hybrid convolutional neural network (CNN) and long-short term memory (LSTM) based deep learning model for detecting shilling attack in the social-aware network. Journal of Ambient Intelligence and Humanized Computing, 12: 1197-1210.

Zieniewska I, Zalewska A, Żendzian-Piotrowska M, et al. 2020. Antioxidant and antiglycation properties of seventeen fruit teas obtained from one manufacturer. Applied Sciences, 10(15): 5195.

第7章

朴素贝叶斯算法模型在水产品中的应用

7.1 水产品的特点

7.1.1 水产品概述

中国是水产品生产大国，同时也是水产品贸易大国。水产品因其滋味鲜美、营养价值高，备受广大消费者青睐，水产品既包括鱼类、虾类、贝类和藻类等鲜活产品，又包括经过各种储存技术和加工后的水产品及水产制品……即水产品是海洋和淡水渔业生产的水产动植物产品及其加工产品的总称。水产品是中国最重要的动物蛋白来源之一，为中国粮食安全和营养供给做出了重要贡献。随着中国经济的快速发展，中国对水产品的需求和消费有望进一步增加。2021 年中国水产品大会上，中国工程院院士朱蓓薇表示：世界各国出台的膳食指南中均强调了水产品的营养价值和对人体健康的作用。她指出，从我国水产品加工业发展现状看，目前加工转化率依然偏低，尤其是精细化加工的方便食品及精深加工的功能食品等比例偏低，规模化以上水产品加工企业的数量偏低。但可喜的是，近年来，我国水产生物医药产业快速发展，水产营养与健康食品产业日益崛起，呈现出水产品预制化、中餐工业化、水产功能食品精准化和定制化、水产休闲食品营养化和个性化、水产加工装备自动化和智能化、科技研究系统化和产业化等趋势。

7.1.2 水产品特点

1. 水产品营养价值特点

水产品的营养价值较高，能够提供丰富的维生素和矿物质并含有高度不饱和脂肪酸，高度不饱和脂肪酸 EPA 和 DHA 是人体的必需氨基酸，具有重要的生理作用，人体不能自行合成，只能从鱼类和其他水产品中摄取。以鱼类为例，鱼类是蛋白质的良好来源，一般含量在 18% 左右，含氨基酸的种类比较齐全；不同鱼的脂肪含量有差别，一般在 10% 以下，而且多由不饱和脂肪酸组成，通常呈液态，易于消化吸收。

其次水产品能够提供卵磷脂，营养学研究表明，卵磷脂是生物体正常新陈代谢和健康生存必不可少的物质，对体内的细胞活化、生存及器官功能的维持、肌肉关节的活化及脂肪的代谢等都起到非常重要的作用。

水产品中含有丰富的优质蛋白质。摄入水产品能够为人体提供优质蛋白质，对于减肥人群来说，鱼类是优质蛋白质摄入的最佳选择。

水产品中的藻类，即最常食用的海带以及紫菜，是无胚的自养生物。藻类植物能够提供给人类膳食纤维、蛋白质以及维生素和微量元素。以海带为例，它是一种富含碘与蛋白质的碱性食物，其中更是蕴含其他许多微量元素、膳食纤维及维生素，热量相对其他水产品较低，蛋白质含量适中但是矿物质含量极高是海带的特点。

2. 水产品消费市场特点

水产品的种类良多，既包括鱼类、虾类、贝类和藻类等鲜活产品，又包括经过各种储存技术和加工后的水产品和水产制品。水产品基本保持稳定，从水产品的基本情况看，常见普通水产鱼的价格常年基本保持平稳。从总体趋势来看，淡水品种的价格有所下降，而海水品种则有所上升。各品种间价格差距明显。一些高档水产品的价格趋于合理化。随着水产养殖技术的提高和生产设备的完善，一些传统高档水产品的供应量增加，价格逐步回落，但是部分名特优水产品价格依然偏高。

7.1.3　水产品组成

GB/T 41545—2022《水产品及水产加工品分类与名称》规定了水产品及水产加工品的分类原则、产品名称使用规则、产品分类及名称，将水产品及水产加工品分为以下几种类别。

1. 鲜活品

鲜活品包含海水鱼类、海水虾类、海水蟹类、海水贝类、海水藻类、头足类、棘皮动物类、其他海洋生物、淡水鱼类、淡水虾类、淡水蟹类、淡水贝类、淡水藻类及其他淡水动物。

2. 冻品

冻品包括冻鱼类、冻虾类、冻蟹类、冻贝类、冻头足类及其他冷冻水产品。

3. 干制品

干制品包括鱼类干制品、虾类干制品、蟹类干制品、贝类干制品、头足类干制品及其他水产干制品。

4. 腌制品

腌制品包括腌制鱼及其他腌制品。

5. 其他

其他包括熟制品、罐头制品、鱼糜及鱼糜制品、水产调料品。

7.2　水产品的分类

我国水域面积约占地球总面积的 71%，丰富的海水与淡水资源孕育出的水产品种类庞多。我国是世界上水产品生产第一大国，鱼类有 2400 余种，其中海洋鱼类约占六成，贝类 4000 余种，虾类 2000 余种。

根据来源不同，水产品可分为海产品和淡水产品；根据原料种类不同，水产品可分为鱼类、虾类、蟹类、头足类、贝类、海藻类等；根据加工和储存方式不同，水产品可分为鲜活水产品、冻水产品、干制品、腌制品、罐藏品、鱼糜制品、调味品等。本节选择具有代表性的鲜活水产品、冻水产品、干制品、腌制品进行详细介绍。

7.2.1　鲜活水产品

鲜活水产品是指在捕捞或养殖后保持存活状态、新鲜度较高的水产品，如活鱼、活贝类、活虾蟹等。鲜活水产品是加工工序最简单、食用范围最普遍的水产品。

鲜活水产品不仅能提供更新鲜的口感、质地和味道，而且与冷冻或加工过的水产品相比，鲜活水产品含有更加丰富的优质蛋白质、不饱和脂肪酸、维生素和矿物质等营养成分。从食品烹饪的角度来讲，鲜活水产品在烹饪过程中的可塑性较强，可以制作出多种口味和风格的菜肴。无论是清蒸、红烧、煮汤还是炒菜，鲜活水产品都能展现出其原有的鲜美和特色，满足人们对食物口感和味道的不同需求。

鲜活水产品大多在沿海沿江地区以"现捕现售"的形式进行交易，消费者在购买后及时对其烹饪以获得较好的食用风味和营养。而对于身居内陆的地区，鲜活水产品的保活保鲜处理和运输成本，使得产品价格上升数倍。无论是短途运输还是长途运输，水产品的活体运输过程都十分重要，直接决定着鲜活水产品最终质量的好坏。鲜活水产品的长途运输对运输方式有着较高的要求，运输车除了需要配备基本的动力系统和箱体系统，通常还需要配备控温系统或冷库、增氧系统、喷淋装置。根据水产品原料的不同，运输过程中需选定具体的保活措施。例如，活鱼类的运输过程可选用对人体无害的药物将鱼类麻醉，使其生命活力和代谢水平暂时降低，从而使耗氧量降低，结合低温储存，可实现高密度的长途活体运输；活蟹类和活贝类则可以通过降低水温至 3～5℃，使水产品处于休眠状态，以延长活体产品的存活时间。

除此之外，鲜活水产品由于自身微生物群落较多、水分活度较高以及外界条件的改变，其货架期通常较短。

鲜活水产品种类多、易变质、储存和运输条件复杂等，使其在质量分级、新鲜度判断等方面一直存在难题亟待解决，传统的依靠感官和经验的识别方法已经无法满足现代食品安全发展的需求，需要更加智能、准确、高效的识别方法应用在鲜活水产品中。

7.2.2　冻水产品

冻水产品是指将新鲜的水产品通过冷冻处理，使其在低温下保存和运输的一类水产品。这种处理方式可以有效延长水产品的货架期并保持其新鲜度和品质。冻水产品通常经过以下步骤制作。

1. 预处理

将新鲜的水产品宰杀、水洗、去除内脏和鳞片后，根据需要挑选分级、添加抗氧化剂，包装，以准备冷冻处理。

2. 冷冻处理

根据产品原料种类、运输和食用需求等，选择分块冻结或单体冻结，冷冻需快速深度冻结使水产品中的水分结成冰晶，产品中心温度必须达到−15℃（Petzold and Aguilera，2009）。

3. 后处理

水产品冷冻后，将产品放入 4℃冰水中浸泡，使其镀上一层薄冰以隔绝空气，避免表面干燥与脂质氧化。

4. 包装封存

经过冷冻处理的水产品会被包装并密封，防止二次污染，并确保产品在冷冻过程中不受到空气和湿气的侵入。

5. 冷藏储存和运输

冻水产品会在低温下（通常为−18℃）储存和运输，以保持产品的冷冻状态。

冻水产品具有许多优点，通过冷冻处理，水产品中的水分结成冰晶，延缓了细菌和酶的活动，从而有效延长了水产品的保鲜期。冻水产品可以在低温下保存数月甚至更久的时间，而仍能保持较好的品质和口感。冻水产品在冷冻过程中可以快速锁住水分，避免了水分流失和腐败的情况。这样可以保持水产品的原始质地、营养价值和口感，让消费者在食用时能够享受到新鲜的口感。冻水产品可以在冷冻状态下长时间储存，并且相对来说占用较少的空间，随着冷链运输技术的进一步发展，冻水产品的运输成本会逐渐降低。

冻水产品面临的问题主要是冰晶对肉质的破坏、脂质的氧化以及色泽变化。在水产品冷冻过程中应避免反复冷冻解冻，因为在冷冻过程中，水产品的细胞内的水分会结成冰晶，这些冰晶的形成会带来机械性压力，导致细胞膜破裂，从而使得水产品的质地变得松散，冷冻—解冻循环中，水产品中的蛋白质容易发生部分变性，这会导致蛋白质结构的改变，影响水产品的风味和口感。此外，空气对肉质中饱和脂肪酸的氧化和肉质中天然色素的分解都是造成产品肉质变差的重要原因（Tan et al.，2021）。

7.2.3　干制品

干制品是指通过将新鲜的水产品进行干燥处理，除去其中大部分水分，以延长其保存时间和方便储存及运输的一类水产品。干制品可以包括各种类型的海鲜和淡水鱼类，如鱼干、虾干、贝类干、海带丝等。

干制品的加工过程通常包括以下几个步骤：

（1）清洗和处理，即将新鲜的水产品用水冲洗，去除泥沙、杂质和不需要的部分（如内脏、骨头等）。

（2）脱水处理，即通过采用自然风干或晒干、热风烘干、蒸汽烘烤、真空干燥等方法，将水产品中的水分脱去，使其含水量和水分活度降低到一定程度。

（3）控制湿度和温度。在脱水过程中，需要控制湿度和温度，以确保水产品脱水均匀、适度干燥，并防止霉菌或细菌的生长。

（4）包装和储存，即将脱水后的水产品进行包装，通常使用密封袋或容器密封，以防止湿气和氧气进入。存放在干燥、阴凉的环境中，以延长其保质期。

干制品具有较长的保鲜期，便于储存和运输，并且在烹饪过程中更易于处理和使用。干制品保质期变长的机理在于产品中水分活度（Aw）的降低，水分活度是评价食品中游离水含量的重要指标。食品中微生物的活动和酶催化的大多数化学反应都需要足够的游离水才能进行。细菌对水分活度最为敏感，Aw<0.90 时细菌不能生长；酵母菌次之，Aw<0.87 时大多数酵母菌活性受到抑制；霉菌的敏感性最差，Aw<0.80 时大多数霉菌不生长。得益于低水分活度，干制品比鲜活水产

品的保质期长数十倍。除了保质期长，运输、食用方便，干制品独特的干松、紧致的口感也受到消费者的青睐（Sperber，1983）。

7.2.4 腌制品

腌制品是指将新鲜的水产品使用盐、糖、香料和其他调味料进行处理，使调味品渗入水产品组织内，以达到延长保鲜期并增加口感和风味的一类水产品。

腌制品根据腌制的方法不同可分为盐腌制品（干腌、湿腌、混合腌制）、糟腌（酒、酒糟与盐腌）、发酵腌制品。干腌法在实际生产中应用广泛，干腌制品的制作过程通常包括以下几个步骤：

（1）清洗和处理，即清洗水产品，去除泥沙、杂质和不需要的部分（如内脏、鱼鳞等），根据实际需要可将水产品进行剖片。

（2）腌料制备，即根据具体的口味需求，制作腌料。腌料通常由盐、糖、香料和其他调味料（辣椒、大蒜、姜片、五香粉等）组成。

（3）腌渍，即将清洗后的水产品放入容器或袋子中，倒入腌料，确保水产品完全浸泡在腌料中。腌制时间可以根据个人喜好和具体水产品而定，一般需要数小时至数天。

（4）干制，可采用自然干燥或人工干燥。自然干燥即将腌渍好的水产品置于室外或地窖晒干或晾干；人工干燥即采用热泵干燥机等机器使水产品干燥。

（5）调理和储存。腌制品在完成腌渍后，根据需要可以进行进一步的处理，例如，可以晾干表面的水分，沥干多余的腌料，并根据需要进行烟熏、晒干等处理。

水产品腌制主要为水产品带来了两方面的变化，一方面是产品风味和口感的改变，另一方面是产品保质期的延长。这些变化来自于腌制的腌渍和熟成两个阶段。腌渍过程中，食盐向水产品肉质中渗入，肉质中的盐分增加、水分减少，即水分活度降低、渗透压升高。微生物细胞由于渗透压作用而脱水、崩坏或原生质分离，酶的活性也因此降低，水产品的保质期得到延长。熟成是指水产品肉质内的一系列生物化学反应，这些变化是由蛋白酶和嗜盐菌解酯酶等催化蛋白质和脂肪分解成更小的短肽、氨基酸及小分子挥发性醛类物质，风味得到改善。此外，肌肉结构因大量脱水，结构发生改变，肉质因而变得坚韧。

7.3 朴素贝叶斯算法模型的质谱离子化效率预测模型

7.3.1 朴素贝叶斯算法模型概述

朴素贝叶斯算法是一种常见的分类算法，它基于贝叶斯定理和特征独立性假设。该算法的训练和预测过程相对简单，适用于多类别分类和文本分类问题。朴素贝叶斯分类算法是在贝叶斯算法的基础上，假定样本数据集的属性和类别之间都是相互独立的，没有哪个属性变量对于决策结果占有比较大的比重，也没有哪个属性变量对决策结果占有比较小的比重，就是说假设输入的变量相互之间是独立的，在很多的应用上，简化了原先贝叶斯算法的复杂性，这种简化方式是可以使用的，该算法在大量的复杂问题中十分有效。

1. 具体操作步骤

该模型由两类可直接从训练数据中计算出的概率组成，具体步骤如下：

（1）数据准备，收集包含特征和标签的训练数据集。每个样本都有一组特征，以及对应的标签。

（2）特征独立性假设，朴素贝叶斯算法假设所有特征都是相互独立的，即每个特征对于分类的贡献是相互独立且重要性相等的。

（3）计算先验概率，根据训练数据集，计算每个类别的先验概率。先验概率是指在没有任何特征信息的情况下，样本属于每个类别的概率。可以通过统计每个类别在训练集中出现的频率来计算。

（4）计算条件概率，对于每个特征，计算在每个类别下的条件概率。条件概率是指在给定类别的情况下，特征取某个值的概率。具体的计算方法取决于特征的类型。

（5）离散特征和连续特征，离散特征数据可以使用多项式模型来估计条件概率。可以计算每个类别下，特征取每个值的频率，并除以该类别下所有特征值的总数。

连续特征数据通常假设特征符合高斯分布，可以计算每个类别下特征值的均值和标准差，并使用高斯分布的概率密度函数计算概率（Yusa et al.，2020）。

2. 应用贝叶斯定理进行分类预测

对于给定的样本，计算它属于每个类别的后验概率。使用贝叶斯定理计算后验概率的计算公式为后验概率=先验概率×条件概率。选择具有最高后验概率的类别作为预测结果。

总结起来，朴素贝叶斯算法的优点包括简单、高效、适用于大规模数据集等。朴素贝叶斯算法可以用于构建质谱离子化效率预测模型，但在实际应用中需要考虑特征之间的依赖关系和选择合适的机器学习算法。

7.3.2　朴素贝叶斯算法模型原理

朴素贝叶斯算法建立在贝叶斯统计学和贝叶斯决策理论的基础上，它是一种直接衡量标签和特征之间概率关系的有监督学习算法，朴素贝叶斯算法的原理基于贝叶斯定理和特征独立性假设，它是专注分类的算法，根据已知特征来预测样本的类别，具有模型可解释、精度高等优点。

1. 贝叶斯公式

肖铮（2020）根据条件概率的计算公式得 $P(A\bigcap B)=P(B)\times P(A\,|\,B)=P(A)\times P(B\,|\,A)$ ，通过转换公式可以得到贝叶斯公式：

$$P(A\,|\,B)=\frac{P(A)\times P(B\,|\,A)}{P(B)} \tag{7-1}$$

假设事件 A 表示类别，事件 B 表示特征，则有 P(类别|特征)=P(类别)×P(特征|类别)/P(特征)，注意：若 A 和 B 是相互独立的两个事件，则 $P(A|B)=P(A)$ 或 $P(B|A)=P(B)$ ，因此贝叶斯公式的前提是各个事件不相互独立。

其中，$P(A)$ 是先验概率，表示每种类别分布的概率；

$P(B|A)$ 是条件概率，表示在某种类别前提下，某事件发生的概率；

$P(A|B)$ 是后验概率，表示某事发生了，并且它属于某一类别的概率，有了这个后验概率，便可对样本进行分类。后验概率越大，说明某事物属于这个类别的可能性越大，便越有理由把它归到这个类别下。

将上述贝叶斯公式推广到一般情况，假设事件 A 本身又包含多种可能性，即 A 是一个集合 $\{A_1,A_2,\cdots,A_n\}$ ，那么对于集合中任意的 A_i，贝叶斯定理可以表示为

$$P(A_i)=\frac{P(A_i)\times P(B\,|\,A_i)}{P(B)} \tag{7-2}$$

由全概率公式可得

$$P(A_i\,|\,B)=\frac{P(A_i)\times P(B\,|\,A_i)}{\sum_{i=1}^{n}P(A_i)P(B\,|\,A_i)} \tag{7-3}$$

2. 朴素贝叶斯分类器

条件概率 $P(B|A)$ 是所有特征上的联合概率，难以从有限的训练样本直接估计得到，所以基于贝叶斯公式来估计后验概率 $P(A|B)$ 存在困难。为解决这个问题，朴素贝叶斯分类器采用了"特征条件独立性假设"：对已知类别，假设所有特征相互独立，即假设每个特征独立地对分类结果产生影响。

在存在多个特征的情况下，式（7-1）改写为

$$P(A_i \mid b_1, b_2, \cdots, b_n) = \frac{P(A) \times P(b_1, b_2, \cdots, b_n \mid A)}{P(b_1, b_2, \cdots, b_n)} \qquad (7\text{-}4)$$

根据链式法则可得

$$P(b_1, b_2, \cdots, b_n \mid A) = P(b_1 \mid A) \times P(b_2 \mid A, b_1) \times \cdots \times P(b_n \mid A, b_1, b_2, \cdots, b_{n-1}) \qquad (7\text{-}5)$$

由"特征条件独立性假设"可知，每个特征 b_i 与其他特征都不相关，所以有 $P(b_i \mid A, b_j) = P(b_i \mid A)$，　$i \ne j$，则式（7-5）可改写为

$$P(b_1, b_2, \cdots, b_n \mid A) = \prod_{i=1}^{n} P(b_i \mid A) \qquad (7\text{-}6)$$

将式（7-6）代入式（7-4）得

$$P(A \mid b_1, b_2, \cdots, b_n) = \frac{P(A) \times \prod_{i=1}^{n} P(b_i \mid A)}{P(b_1, b_2, \cdots, b_n)} \qquad (7\text{-}7)$$

由于对于所有类别 $P(b_1, b_2, \cdots, b_n)$ 相同，当计算对象所属类别时，可直接省去式（7-7）中的分母部分，从而得到朴素贝叶斯分类器的表达式为

$$P(A \mid b_1, b_2, \cdots, b_n) = P(A) \times \prod_{i=1}^{n} P(b_i \mid A) \qquad (7\text{-}8)$$

其中，A 是一个类别集合，即 $\{A_1, A_2, \cdots, A_j\}$，依据式（7-8）计算对象所属各个类别的概率，概率最大的一类即该对象所属的类别。

7.3.3　朴素贝叶斯算法模型在鲜活水产品中的应用

在鲜活水产品中，朴素贝叶斯算法模型可以用于分类和判定鲜活水产品的质量、新鲜度或其他相关属性。以下是一些朴素贝叶斯算法模型在鲜活水产品中的应用示例。

1. 质量分类

由于鲜活水产品在运输过程中容易引起腐败变质，这个问题可以通过朴素贝叶斯算法模型得到解决。可以使用朴素贝叶斯算法模型对鲜活水产品进行质量分类，例如：鱼类可以根据其品质等级分为优质、一般或次品；依据不同的特征，如产品外观、气味、眼球状态、鳞片质量等特征，将这些特征作为输入，然后通过朴素贝叶斯分类器，该分类器可以学习每个类别的先验概率和每个特征在每个

类别下的条件概率，用于预测新样本的质量类别。

2. 新鲜度判定

在应用过程中，朴素贝叶斯算法模型可以用于判定鲜活水产品的新鲜度，例如：通过收集与产品新鲜度相关的特征，如温度、pH、细菌菌落数等，将这些特征作为输入，通过朴素贝叶斯分类器。该分类器可以学习每个类别的先验概率和每个特征在每个类别下的条件概率，并用于预测新样本的新鲜度级别，如新鲜、基本新鲜或不新鲜。通过分类之后可以根据不同的新鲜度来决定产品能否继续流入市场，防止腐败变质的产品出售，影响消费者的健康。

3. 污染检测

由于鲜活的水产品在生长期间和运输过程中容易受到来自外来环境的污染，朴素贝叶斯算法模型可以用于检测鲜活水产品中的污染情况。收集与产品污染相关的特征，如重金属含量、塑料残留量、致病菌数量等，将这些特征作为输入，通过朴素贝叶斯分类器。该分类器可以学习每个类别的先验概率和每个特征在每个类别下的条件概率，并用于预测新样本的污染情况，如清洁、轻微污染或严重污染。

4. 物种识别

对于一些水生植物和动物，正确地识别其物种是很重要的。朴素贝叶斯算法模型可以通过建立物种分类模型，根据一些特征（如叶片的形状、大小，动物的体型、鳞片、鳍等），将水生植物和水生动物归类到不同的物种中便于消费者挑选。这有利于海洋生物学研究、水产养殖等，在实际应用过程中具有一定的价值。

朴素贝叶斯算法模型在鲜活水产品领域的应用还有很多其他方面，具体的应用取决于数据的特点和业务需求，根据不同的情况特点，正确选择和精心设计不同的特征是确保算法性能的关键。

7.3.4　朴素贝叶斯算法模型在冻水产品中的应用

朴素贝叶斯算法模型是一种经典的概率分类算法，在冻水产品领域中具有广泛的应用。下面是一些朴素贝叶斯算法模型在冻水产品中的应用场景。

1. 冻水产品的质量分类

朴素贝叶斯算法模型可以根据冻水产品的特征，如外观、气味、颜色、含水量等，对其质量进行分类。通过训练模型，可以将冻水产品分为合格、不合格、次品等不同的质量等级。

2. 冻水产品的来源识别

朴素贝叶斯算法模型可以根据冻水产品的 DNA 序列信息或特征指纹，对其来源进行识别和鉴别（Yang et al., 2013）。这对于识别冻水产品的种类、种源以及是否经过合法渔业捕捞等具有重要意义。

3. 冻水产品的风险评估

朴素贝叶斯算法模型可以将冻水产品的各种特征和历史数据进行整合，对产品潜在的风险进行评估。例如，结合历史数据和特定品牌的冻水产品特征，可以预测某个品牌的产品是否存在质量问题或食品安全风险。

4. 冻水产品的推荐和个性化定制

朴素贝叶斯算法模型可以根据消费者的偏好和历史购买行为，对冻水产品进行推荐和个性化定制，即可以分析用户的购买记录，以及其他相关的特征，预测用户可能喜欢的冻水产品类型、品牌或配料。

需要注意的是，朴素贝叶斯算法模型对于冻水产品的应用需要有足够的训练数据，并且对特征的选择和预处理也需要合理。此外，其他机器学习算法和深度学习模型也可以在冻水产品领域中应用，根据具体的应用场景选择合适的模型和算法。

7.3.5　朴素贝叶斯算法模型在干制品中的应用

朴素贝叶斯算法模型是一种基于概率统计的分类算法，在干制品行业中有着广泛的应用。

首先，朴素贝叶斯算法模型可以应用于干制品的质量控制和产品检测。例如，在食品加工行业中，干制品的质量问题可能会导致消费者的健康风险和企业的声誉损失。通过利用朴素贝叶斯算法建立一个分类模型，可以根据干制品的特征属性对其进行分类，将正常和异常样本区分开来。这样就可以快速检测和筛选出质量不合格的干制品，减少质量问题带来的潜在风险。

以干果为例，干果作为一种常见的干制品，其质量问题主要体现在外观、口感和营养成分等方面。通过朴素贝叶斯算法，可以建立一个干果分类模型，根据不同干果的特征属性（如颜色、形状、大小、含水量等）进行训练，并学习出每个属性值对于正常和异常样本的概率分布。当有新的干果样本时，该模型可以根据样本的属性值计算出正常和异常的概率，并进行分类预测，从而及时发现质量问题，确保只有优质的干果进入市场。

此外，朴素贝叶斯算法模型还可以应用于干制品的产品推荐和个性化定制。在许多干制品企业中，为了提高产品销售和用户满意度，通常需要向用户提供个性化的产品推荐。通过使用朴素贝叶斯算法模型，可以根据用户的历史购买记录、口味偏好、价格偏好等信息，建立一个推荐模型。该模型可以学习用户的个性化需求，并根据用户的兴趣和偏好进行推荐，提高销售转化率和用户满意度。

以肉制干制品为例，不同人对于肉制干制品的口味、辣度、咸度等要求可能有所不同。通过朴素贝叶斯算法模型，可以将用户的个性化需求转化为特征属性，并在训练阶段学习出每个属性值对用户满意度的概率分布。当用户需要购买肉制干制品时，可以根据用户的属性值计算出每种产品对应的满意度概率，并进行推荐，这样可以提高用户体验，增加产品销量。

总结起来，朴素贝叶斯算法模型在干制品行业中的应用非常广泛。除了质量控制和产品检测，还可以用于产品推荐和个性化定制。通过利用该算法建立相应的分类模型，可以帮助企业提高产品质量、提升销售转化率，并满足用户多样化的需求。同时值得注意的是，在应用朴素贝叶斯算法模型时，需要考虑选择合适的特征属性和数据预处理方法，以及不断优化模型的准确性和预测能力，从而实现更好的应用效果。

7.3.6　朴素贝叶斯算法模型在腌制品中的应用

通常，事件 A 在事件 B（发生）的条件下的概率，与事件 B 在事件 A 的条件下的概率是不一样的；然而，这两者是有确定的关系，贝叶斯法则就是这种关系的陈述。

作为一个规范的原理，贝叶斯法则对于所有概率的解释是有效的；然而，频率主义者和贝叶斯主义者对于在应用中概率如何被赋值有着不同的看法：频率主义者根据随机事件发生的频率，或者总体样本的个数对概率赋值；贝叶斯主义者要根据未知的命题来对概率赋值。一个结果就是，贝叶斯主义者有更多的机会使用贝叶斯法则。

贝叶斯法则是关于随机事件 A 和 B 的条件概率和边缘概率的，其数学表达式为

$$P(A_i|B) = \frac{P(B|A_i)P(A_i)}{\sum\limits_j P(B|A_j)P(A_j)} \tag{7-9}$$

其中，$P(A|B)$ 是在 B 发生的情况下 A 发生的可能性，为完备事件组，即在贝叶斯法则中，每个名词都有约定俗成的名称：

$\Pr(A)$ 是 A 的先验概率或边缘概率。之所以称为"先验"，是因为它不考虑任

何 B 方面的因素。

$\Pr(A|B)$是已知 B 发生后 A 的条件概率,也由于得自 B 的取值而被称为 A 的后验概率。

$\Pr(B|A)$是已知 A 发生后 B 的条件概率,也由于得自 A 的取值而被称为 B 的后验概率。

$\Pr(B)$是 B 的先验概率或边缘概率,也称为标准化常量(normalized constant)。

按这些术语,贝叶斯法则可表述为:

$$后验概率=(似然度×先验概率)/标准化常量$$

也就是说,后验概率与先验概率和似然度的乘积成正比。

另外,比例 $\Pr(B|A)/\Pr(B)$有时也称为标准似然度(standardised likelihood),贝叶斯法则可表述为后验概率=标准似然度×先验概率。

利用腌制品相关数据作为函数值来进行分析:

(1)计算先验概率,即不看任何特征,只看类别的概率。

(2)计算每个特征在每种分类下的似然概率,形成模型查询表。

(3)根据查询表和测试数据的各个特征计算不同分类的后验概率,取概率高的为分类结果。

7.3.7　朴素贝叶斯算法模型在水产品脱腥中的应用

朴素贝叶斯算法模型在水产品脱腥中的应用是指使用朴素贝叶斯算法对水产品进行脱腥的过程进行建模和预测。脱腥是指通过一系列处理方法去除水产品中的腥味,提高产品的口感和品质。传统的脱腥方法包括淡盐水浸泡、漂洗、蒸煮等。然而,由于水产品种类繁多、口感特点差异大,传统方法往往需要大量的试验和经验积累,效率较低。

通过朴素贝叶斯算法模型在水产品脱腥中的应用,可以将各种水产品的种类、处理方法和脱腥效果等作为特征,根据已有的样本数据集训练朴素贝叶斯模型,然后通过输入新的水产品样本特征,预测出最可能的脱腥处理方法和效果。

朴素贝叶斯算法模型在水产品脱腥中的应用可以通过以下步骤实现:

(1)数据收集,包含水产品脱腥过程中的各种因素和条件的数据集。这些因素包括水产品品种、脱腥方法、脱腥时间、温度、盐度等。

(2)数据预处理,即对收集到的数据进行处理,包括数据清洗、数据归一化等,以确保数据的准确性和一致性。

(3)特征选择,即根据水产品脱腥的实际情况,选择合适的特征作为训练模型的输入。这些特征可以包括水产品品种、脱腥方法、脱腥时间等。

（4）模型训练，即使用朴素贝叶斯算法对预处理后的数据进行训练，建立分类模型。模型训练的目标是学习训练数据中的特征与水产品脱腥结果之间的关系。

（5）模型评估，即使用测试数据集对训练好的模型进行评估，评估模型的准确性和性能。

（6）模型应用，即将训练好的模型应用于实际水产品脱腥过程中，通过输入相应的特征，模型可以预测水产品脱腥的效果。

通过朴素贝叶斯算法模型的应用，可以根据实际因素和条件，辅助水产品脱腥，提高水产品脱腥的效果和质量。还可以实现对水产品脱腥过程的自动化和智能化控制，这样不仅能够提高处理效率，节省人力成本，还可以减少试验和经验积累的过程，对提高水产品的品质和口感具有积极的意义。

参 考 文 献

马刚. 2018. 朴素贝叶斯算法的改进与应用. 合肥: 安徽大学.

马文, 陈庚, 李昕洁, 等. 2021. 基于朴素贝叶斯算法的中文评论分类. 计算机应用, 41(S2): 31-35.

肖铮. 2020. 常用的三种分类算法及其比较分析. 重庆科技学院学报(自然科学版), 22(5): 101-106.

Atanassova M R, Chapela M J, Garrido-Maestu A, et al. 2014. Microbiological quality of ready-to-eat pickled fish products. Journal of Aquatic Food Product Technology, 23(5): 498-510.

Fan T. 2021. Research on text combination classifier based on KNN and Bayesian algorithm. The 4th International Conference on Computer, Civil Engineering and Mechatronics: 1-4.

Imanuddin H S, Darmawan I, Fauzi R. 2019. Data mining approach to classify tumour morphology using naïve Bayes algorithm. Proceedings of the International Conference on Industrial Enterprise and System Engineering: 1-6.

Özden Ö. 2005. Changes in amino acid and fatty acid composition during shelf-life of marinated fish. Journal of the Science of Food and Agriculture, 85(12): 2015-2020.

Petzold G, Aguilera J M. 2009. Ice morphology: Fundamentals and technological applications in foods. Food Biophysics, 4: 378-396.

Sperber W H. 1983. Influence of water activity on foodborne bacteria—A review. Journal of Food Protection, 46(2): 142-150.

Tan M T, Mei J, Xie J. 2021. The formation and control of ice crystal and its impact on the quality of frozen aquatic products: A review. Crystals, 11(1): 68.

Yang X, Zhou Y, Liu M. 2013. Fusion recognition fingerprints and handwritten signature recognition fusion based on the Bayesian algorithm. Proceedings of the International Conference on Artificial Intelligence and Software Engineering: 1-5.

Yusa M, Ernawati E, Setiawan Y, et al. 2020. Handling numerical features on dataset using Gauss density formula and data discretization toward naïve Bayes algorithm. Sriwijaya International Conference on Information Technology and Its Applications: 1-8.

Zhang H, Jiang L X, Yu L J. 2021. Attribute and instance weighted naive Bayes. Pattern Recognition, 111: 107674.

第8章

人工神经网络算法模型在食用菌中的应用

8.1 食用菌的特点

食用菌是一种非常有营养价值的食物,它具有种类繁多、营养成分丰富、药用价值高、风味口感独特等特点。因此,食用菌被誉为"森林中的蔬菜"和"植物界的牛奶"。

8.1.1 食用菌概述

食用菌是指能够被人类食用或药用且具有营养价值的真菌类生物。多年来,食用菌因其独特的口感风味和丰富的营养成分而备受追捧,被广泛应用于烹饪、药用和保健领域。从古至今,人们对食用菌的喜爱不断增长,各类美味佳肴中不乏它们的身影。食用菌以其多样的形状、丰富的口感、高营养价值和药用特性而备受推崇。无论是作为食材还是药材,食用菌都在人们的饮食和健康中扮演着重要的角色。随着人们对健康和美食的追求不断提升,食用菌必将在未来持续受到关注和发展。

1. 外观特征

食用菌外观特征如下:

(1)菌盖形状丰富多样,相比于其他食材,食用菌的菌盖形状变化多样,可以是圆形、半球形、扁平形等。这种多样性增加了其在食物中的应用价值。

(2)菌盖颜色鲜艳多样,食用菌的菌盖颜色可以是白色、黄色、褐色等多种颜色。这些鲜艳的颜色不仅给食物增添了色彩,也显示了食用菌的健康和新鲜。

2. 口感特性

食用菌的口感特性如下:

(1)菌肉质地多样,不同种类的食用菌在质地上存在差异。有些食用菌肉质细嫩,有些则较为韧实。这种多样性使得食用菌能够满足不同人群的口味需求。

（2）味道独特鲜美，食用菌以其独特的味道而闻名，有些味道鲜甜可口，有些柔软多汁，有些爽脆可口，有些则带有淡淡的香气，如松茸具有特殊的松露味道、金针菇具有鲜嫩的口感。无论是烹饪还是生食，食用菌都能为菜肴增添鲜味。

3. 培养方式

食用菌的培养方式多种多样，其种植和培养方法对于保障质量和产量至关重要。常见的有菌包培养、菌棒培养、菌种发酵等方法。食用菌的培养方式需要考虑气候条件的选择，进行基质的准备与配制，菌种的培养与接种，以及培养环境的控制与管理。掌握这些方法和技巧，可以成功地培育出高质量的食用菌。不同的食用菌对生长环境有不同的要求，如温度、湿度、光照等，因此在进行食用菌的栽培时，需要注意提供适宜的生长条件，以保证食用菌的质量和产量。下面介绍几种常见的食用菌的培养方式，以帮助读者更好地了解和掌握这方面的知识。

（1）气候条件的选择。在培养食用菌之前，首先需要考虑气候条件。不同的食用菌对气温、湿度和光照等环境因素有着不同的要求。因此，在选择培养食用菌的场地时，应确保能够提供适宜的温度和湿度，并合理调节光照时间和强度。

（2）基质的准备与配制主要有两种。一是选择合适的基质：基质是食用菌培养的重要基础，不同的食用菌对基质的要求不同，根据不同食用菌的特性，选择合适的基质材料非常重要，常见的基质包括木屑、稻草、秸秆等，其中木屑是很多食用菌的首选基质。二是基质的处理和配制：为了提高基质的适宜性和利用率，需要对选定的基质进行处理和配制，常见的处理方法包括蒸煮、浸泡和消毒等，以去除杂质和有害微生物。在配制过程中，还可以添加适量的营养物质，如麦麸、豆粉等，以提供食用菌生长所需的养分。

（3）菌种的培养与接种内容包括三个步骤。一是菌种的选择：选择适合自己培育食用菌的菌种非常关键，根据品种、产量和抗病性等因素，选择优质的菌种，这将直接影响后期食用菌的质量和产量。二是菌种的培养：菌种的培养是整个培养过程中不可或缺的一环，一般情况下，可以通过孢子分离法或组织培养法繁殖菌种。在培养菌种时，需要注意无菌操作，防止细菌和其他杂质的污染。三是菌种的接种：将培养好的菌种接种到准备好的基质中是培养食用菌的重要步骤，接种时应注意合适的接种量和方式，以保证菌丝能够均匀地分布于基质中。

（4）培养环境的控制与管理。在培育食用菌的过程中，合理的环境控制和管理是非常重要的，包括温度、相对湿度和通风等方面的控制。通过定期检查和调节这些因素，可以促进菌丝的生长和发育，并增加其产量和品质。

8.1.2　食用菌营养成分

食用菌富含蛋白质、维生素、矿物质和纤维素等营养物质，且低脂肪、低糖、低胆固醇。它们被认为有助于增强免疫力、调节血压、改善消化系统功能、抗氧化、抗肿瘤等。此外，一些食用菌还含有特殊的活性物质，如多糖、多肽等，具有抗菌、抗病毒、抗肿瘤、降血脂等药理作用。

1. 营养价值

食用菌具备独特的魅力，其丰富的营养成分和多样化的种类使其备受推崇，食用菌富含高质量的蛋白质，在素食者中尤其受欢迎。食用菌中含有丰富的微量元素，如铁、锌、硒等，对维持人体健康至关重要，适当地摄入食用菌可以帮助人们补充这些必需元素。与此同时，食用菌的脂肪含量较低，对于追求健康饮食的人来说是理想的选择，不仅可以满足味蕾的享受，还能为人们的身体带来诸多好处。无论是蛋白质、维生素还是矿物质，食用菌都能为人们提供所需的营养元素，例如：蘑菇富含维生素 B、蛋白质和纤维，为身体提供丰富的营养；香菇含有丰富的蛋白质、维生素 D 和微量元素，有助于增强免疫力和改善消化系统状况；口蘑含有丰富的蛋白质、氨基酸和微量元素，有助于提高体力和促进新陈代谢（李娜等，2023；熊碧等，2023；李妍，2020；王秋果，2020）。

食用菌营养成分如下所述。

1）蛋白质

食用菌是一种优质的蛋白质来源，它们富含各种必需氨基酸，可供身体进行细胞修复和生长。蛋白质由 20 种氨基酸组成，通常栽培的食用菌都含有人类所必需的 8 种氨基酸，赖氨酸含量很高，但蛋氨酸和色氨酸的含量很少。通过适当搭配，食用菌能够满足人们每天所需的蛋白质摄入量。

2）脂肪

常见食用菌的粗脂肪含量占其干重的 1.1%～8.0%，平均为 4%，所含脂肪酸中至少有 74% 为非饱和脂肪酸，其主要为亚油酸，在日常饮食中为必需营养物质，也因其高比例可作为健康食品。

3）维生素

不同种类的食用菌含有各种不同的维生素，如维生素 B、维生素 D 和维生素 C 等。这些维生素在保持身体健康方面起着重要作用，如促进免疫功能、增强骨骼健康和抗氧化。

4）矿物质

食用菌富含多种矿物质，如铁、钾、锌和锰等，其中含量最高的矿物质是钾，其次是磷、硫、钠、钙和镁。这些矿物质对于维持身体机能和代谢过程至关重要，特别是促进血液循环和加强免疫功能。

2. 药用价值

食用菌是一种营养丰富、美味可口的食物，具有多种药用价值，食用菌被广泛应用于中药领域。随着人们对健康饮食的追求，食用菌的市场需求越来越大，也带动了食用菌产业的发展。此外，食用菌还有一些特殊的功效，如石耳可以降血脂、雪耳可以清热解毒。

食用菌的主要药理作用如下，具体见表 8-1。

1）抗氧化功效

研究发现，食用菌含有丰富的抗氧化物质如多酚和维生素 C 等，例如，灵芝、银耳等含有多种活性物质，具有抗氧化、抗肿瘤、抗炎等功效，能帮助人体抵抗自由基的侵害，延缓衰老过程。

2）免疫调节作用

某些食用菌被认为具有免疫调节作用，可以增强身体的免疫力，对于提高机体的抵抗力和预防疾病具有重要意义。

表 8-1　不同食用菌的药理作用

种类名称	药理作用	疗效作用
云芝	①提高免疫功能；②提高抗辐射能力；③提高抗有害化学物能力；④抑制肿瘤生长；⑤保护肝脏；⑥提高学习记忆能力；⑦镇痛镇静	①云芝多糖对肿瘤病的疗效；②云芝多糖对肝炎的疗效；③保护肝脏，促进慢性肝病的康复；④保护肾脏，促进慢性肾病康复
牛樟芝	①抗肿瘤；②保肝；③降血脂；④免疫调节；⑤抗氧化；⑥缓解体力疲劳	
平菇	①抗肿瘤；②提高免疫功能；③抗氧化；④降胆固醇；⑤保肝解毒	
白灵菇	①免疫调节；②抗氧化；③抗肿瘤；④抗辐射；⑤降血脂	
冬虫夏草	①补气功效；②补肺益肾；③补气助阳，提高性腺功能；④增强免疫功能；⑤保护肝脏，抗肝纤维化；⑥抑制肿瘤；⑦改善心血管功能；⑧降胆固醇；⑨抗氧化；⑩降血糖；⑪防治甲状腺功能减退	
灰树花	①抗病毒；②抑制肿瘤；③增强免疫功能；④调节血糖血脂；⑤抗氧化；⑥抗疲劳和促进肠运动	
竹荪	①保肝；②抗肿瘤；③免疫调节；④抑菌抗炎；⑤抗氧化清除自由基；⑥降血脂、降血压	
羊肚菌	①抗氧化延缓衰老；②抗肿瘤；③免疫调节；④保护胃黏膜；⑤抗疲劳；⑥降血脂；⑦抗菌抑菌	

续表

种类名称	药理作用	疗效作用
安络小皮伞	①增强免疫功能；②降血压；③抗氧化清除自由基	①对各种神经痛的疗效；②对类风湿性关节炎的疗效；③对颈椎病和脑外伤后头疼的疗效
灵芝	①抗肿瘤；②免疫调节；③抗氧化清除自由基；④对放射线和化疗药损伤的保护作用；⑤对各生理系统的药理作用	①辅助治疗肿瘤；②防治高脂血症；③防治冠心病；④防治高血压病；⑤防治糖尿病；⑥防治神经衰弱；⑦防治慢性支气管炎和哮喘；⑧防治肝炎；⑨辅助治疗再生障碍性贫血；⑩防治肾病综合征；⑪防治其他疾病
鸡㙡菌	①抗氧化；②免疫调节；③调节血糖；④降血脂	
鸡腿菇	①降血糖；②降血脂；③增强免疫力；④抑制肿瘤	
金耳	①活化神经细胞，改善神经功能；②增强免疫功能；③保肝；④促进造血功能；⑤抗氧化；⑥抗肿瘤；⑦降血糖	
金针菇	①增强记忆力；②抗疲劳；③增强机体耐缺氧能力；④抑制肿瘤；⑤延缓衰老，延长寿命；⑥增强免疫功能；⑦抗炎；⑧降低胆固醇；⑨保护肝脏	
茯苓	①利水消肿；②抑制变态反应；③增强免疫功能；④保肝；⑤延缓衰老；⑥健脾养胃；⑦其他	
茶树菇	①抗氧化；②免疫调节；③抗肿瘤；④改善心脑血管功能；⑤保护肾功能；⑥抗疲劳及耐缺氧	
香菇	①增强免疫功能；②降血脂；③改善肝功能；④抑制肿瘤；⑤抗菌和抗病毒；⑥抗寄生虫；⑦保护神经系统和抗抑郁；⑧抗疲劳；⑨抗氧化和延缓衰老；⑩抗辐射	①香菇多糖辅助治疗慢性肝炎；②辅助治疗频繁性感冒；③抑制肿瘤；④治疗其他疾病
桦褐孔菌	①抗肿瘤；②降血糖；③抗氧化；④免疫调节；⑤抗病毒；⑥抗炎；⑦降压减脂；⑧保肝	①抗癌；②治疗糖尿病；③治疗胃溃疡；④其他作用
桑黄	①抗癌和抗肿瘤；②免疫调节；③抗氧化；④杀菌消炎；⑤降血糖；⑥抗肝纤维化	
绣球菌	①抗肿瘤；②免疫调节；③促进伤口愈合；④抑菌；⑤抗氧化	
姬松茸	①抗肿瘤；②抗氧化；③免疫调节；④调节血糖；⑤保肝护肾；⑥其他作用	①抗癌；②保肝
银耳	①增强和调节免疫功能；②抗肿瘤；③延缓衰老；④抗溃疡；⑤降血糖；⑥降血脂；⑦抗突变、抗辐射；⑧降血黏、抗血凝；⑨保护细胞膜；⑩其他作用	①防治肝炎；②治疗哮喘和慢性支气管炎；③治疗颗粒性白细胞减少症；④辅助治疗肿瘤；⑤辅助治疗口腔溃疡
黑木耳	①降血脂；②抗氧化延缓衰老；③降血糖；④抗血栓；⑤增强免疫力；⑥抗肿瘤；⑦抗辐射及抗突变；⑧增强机体耐缺氧能力；⑨改善缺铁性贫血；⑩其他作用	

续表

种类名称	药理作用	疗效作用
猴头菇	①抑制肿瘤；②保护消化系统功能；③改善血液循环；④保护神经系统功能；⑤调节免疫功能；⑥抗辐射；⑦抗疲劳；⑧延缓衰老和改善生命活力	①防治肿瘤；②防治胃肠溃疡和各种慢性胃炎；③防治肝炎；④防治其他疾病
槐耳	①抗肿瘤；②增强免疫力；③防治肝炎；④保护肾脏	
蛹虫草		①扶正益气，增强机体免疫活力；②补肺益肾，具激素样作用；③安神助眠，改善调节心脑功能；④抗菌消炎；⑤提高机体耐缺氧能力；⑥调节血脂，抗氧化延缓衰老；⑦抗肿瘤
蝉花	①保护肾脏；②抗肿瘤；③抗疲劳；④增强免疫功能；⑤调节血糖血脂；⑥镇痛；⑦其他作用	
蜜环菌	①镇静催眠；②保护脑组织；③降血糖；④调节免疫功能；⑤抗氧化清除自由基；⑥抗肿瘤；⑦抗惊厥和益智	①定惊熄风疗痹；②治疗头疼偏头疼；③防治心脑疾患

8.2　食用菌的分类

8.2.1　濒危类

濒危类主要是那些菇种因其独特的生物学特性及对生境要求或因产地分布区域极为狭窄，栖息地或宿主遭到严重破坏，导致种群数量急剧下降，甚至几近绝迹，而且残存的种群仍受到严重的威胁，如块菌、松茸、干巴菌、冬虫夏草等。据云南贸易真菌多样性调查考察，濒危类群菇菌只占整个菌物类群的 1.1%，说明品种极少，且处境极为濒危。此类品种已引起重视，如松茸已列入国家二级保护植物。

8.2.2　珍稀类

珍稀类食用菌就是除了我们经常能够见到的食用菌以外的食用菌，它们栽培历史短，栽培方法比较复杂或者不能进行人工栽培，食用价值或药用价值高的一类食用菌。珍稀类群有重大的科学价值，为我国重要的自然生物可利用资源，如腹牛肝菌属、红菇属、鹅膏属、轴腹菌属、鸡㙡菌属。这些珍稀种群有 30 多种大都属于单型种，中国特有特殊种属，区域性分布代表类群，成为演化过程中的孑遗或残遗种，对生态环境植被恢复具有重要的生物学和生态学意义。人工栽培虽有成功的报道，但只闻其名，市场不见其货，价格仍处高位，如羊肚菌、牛肝菌、红菇、绣球菌、白参菌、鸡㙡菌等虽有报道栽培成功，但市场产品奇缺，现有价格为：羊肚菌干品 800～2500 元/kg，红菇干品 400～1200 元/kg，鸡㙡菌鲜品 150元/kg，因此仍然是稳坐"珍"位。

8.2.3　稀少类

稀少类主要是指依赖天然野生的林木外生菌根菌和与昆虫类共生的类群，如块菌、松茸、牛肝菌、红菇、虎奶菇、紫丁香蘑、鸡油菌、松乳菇、奥德蘑（水鸡枞）、绣球菌、青头菌、珊瑚菌、黄柄鸡油菌（喇叭菌）、梭柄乳头菇（老人头）等。其中松乳菇营养成分多，食用价值高，内含丰富的粗蛋白、粗脂肪、粗纤维、多种氨基酸、不饱和脂肪酸、核酸衍生物等，还有大量的维生素 B1/B2、维生素C、维生素 pp 等，具有强身、益肠胃、止痛、理气化痰、驱虫的功效，而且还可以治疗糖尿病、抗癌等特殊功效，是非常受中老年人欢迎的保健食品。这些珍稀品种产品数量极少。据调查，2021 年中国松茸产量约 18358.6t，羊肚菌产量约 23.95万 t。2022 年 12 月 12 日数据显示，2012～2021 年我国牛肝菌产量由 0.2 万 t 增长至 12.2 万 t。2021 年全国食用菌总产量 4133.94 万 t（鲜品，下同），比 2020 年增长了 1.79%；2021 年总产值 3475.63 亿元，比 2020 年增长 0.29%。因此，对于菌根性和昆虫性野生食用菌的人工培育，实现可持续利用，一直是世界的难题和创新研究的焦点。

8.3　人工神经网络算法模型在灵芝中的应用

8.3.1　灵芝特点

灵芝是担子菌纲多孔菌科灵芝属真菌，是一种名贵药用真菌，已有悠久的历史。灵芝是最常用的灵芝属真菌之一，具有滋补强壮、扶正固本的功效。灵芝富含灵芝多糖、三萜类化合物、核苷、氨基酸、甾醇、生物碱等多种活性成分，具有多种生理功能，是一种不可多得的高级营养食品。现代科学技术的应用使灵芝的研究更加深入。灵芝及其有效成分有广泛的药理作用，可防治慢性支气管炎、神经衰弱、高脂血症、冠心病、肝炎、白细胞减少、肿瘤等疾病（游育红和林志彬，2003）。

8.3.2　灵芝成分组成

灵芝含有多种有效成分，其中多糖类是其主要有效成分之一，是灵芝的重要成分。灵芝多糖具有抗肿瘤、抗氧化自由基、抗衰老、提高免疫力、活血化瘀等作用，其抗肿瘤作用可能与多糖的免疫增强作用有关（张群豪和林志彬，1999）。同时，分子质量较高的多糖具有更好的生物活性。相对分子质量较高的灵芝多糖比相对分子质量较低的多糖对 1,1-二苯基-2-三硝基苯阱（1,1-diphenyl-2-picrylhydrazyl，DPPH）和自由基的清除活性强。

8.3.3　检测技术概述

多糖是由超过 10 个单糖组成的高分子碳水化合物，又称多聚糖，多糖是由醛糖或酮糖通过脱水形成糖苷键，并以糖苷键连接而成的聚合物，相对分子质量从几万到几千万。在多糖中，单糖可以线性连接，也可以分支形成复杂的结构，单糖的连接方式和分子内氢键的形成也使多糖的高级结构的研究更为困难。糖分子可以通过氢键、范德瓦耳斯力、共价键等形成三维网络结构。此外，多糖糖链具有很大的自由度和柔韧性，且链间相互关联，这些特征使得多糖的空间构象非常复杂。与初级结构相比，多糖的高级结构较为复杂，相关研究均表明多糖的生物活性不仅与初级结构有关，而且受高级结构的影响更大。

灵芝多糖是灵芝真菌中的主要活性物质，具有多种生理功能，对灵芝多糖检验鉴定的深入研究将有助于控制产品质量及防伪。近年来，国内外对灵芝多糖的检测技术如下。

1）核磁共振技术

核磁共振技术被广泛应用于碳水化合物的分析中，通过核磁共振技术，不需要对样品进行破坏即可获得化学位移、耦合常数、积分面积、MOR（磁致旋光）及弛豫时间等参数，可用于表征多糖包括异聚体构型（α-或 β-）、糖苷键的模式和序列等。

2）扫描电子显微镜

扫描电子显微镜广泛用于观察天然多糖表面的微观结构，可以获得分辨率较高的图像，使其立体和现实。由于扫描电子显微镜分辨率高、视野深度大，可以观察到较大的粗糙表面结构。此外，扫描电子显微镜还可以对纯化后的单多糖进行结构表征，并对结构稳定的多糖的分离纯化进行直观的跟踪，鉴定不同多糖三维形状的多样性和特异性。

3）分子动力学模拟技术

复杂的碳水化合物通常有大量的可旋转键，会产生大量理论上可能的构象。因此，系统的检测方法在碳水化合物构象分析中的应用仅限于常规分析中的双糖和三糖。使用 Monte-Carlo 方法或（高温）分子动力学模拟来探索复杂碳水化合物的构象空间已成为研究碳水化合物构象的标准方法。分子动力学技术的一个主要优点是可以在已知溶剂中研究碳水化合物，也可以在其生物背景下（如糖蛋白、糖脂或蛋白质-碳水化合物复合物）研究碳水化合物。

8.3.4　检测技术与食用菌

检测技术在食用菌领域起着重要的作用，以下是一些与食用菌相关的常见检测技术。

1. 微生物检测

微生物检测技术用于检测食用菌中的细菌、真菌和其他微生物，它可以通过培养方法或分子生物学技术，如 PCR（聚合酶链反应）和 NGS（下一代测序）来进行。

2. 化学成分检测

食用菌的质量和安全性通常需要检测其化学成分。例如，氨基酸分析可用于确定蛋白质含量，气相色谱-质谱联用技术可用于检测挥发性有机化合物，而高效液相色谱-质谱联用技术可用于分析多种化合物，如多糖和多酚。

3. 农药残留检测

农药残留检测技术用于检测食用菌中是否存在农药残留，常见的方法包括气相色谱-质谱联用技术和高效液相色谱-质谱联用技术。

4. 重金属检测

食用菌中的重金属含量可能对人体健康产生负面影响，常见的重金属检测方法包括原子吸收光谱法和电感耦合等离子体质谱法。

5. 放射性物质检测

某些地区可能存在放射性物质的辐射污染，需要对这些地区食用菌中的放射性物质含量进行监测和检测，常用的方法包括核计数技术和伽马射线谱分析。

这些是常见的与食用菌相关的检测技术，可以确保食用菌的质量和安全，具体使用哪种技术取决于需要检测的参数和目标。

8.3.5　人工神经网络算法模型在灵芝多糖鉴定中的应用

人工神经网络算法模型是一种基于生物神经系统结构和功能的数学模型，它通过学习和模拟神经元之间的相互连接来进行信息处理和模式识别。在灵芝多糖鉴定中，人工神经网络算法模型可以用于以下方面。

1. 多糖含量预测

人工神经网络算法模型可以通过训练和学习已知灵芝样品的多糖含量和相关

特征数据，建立一个预测模型。该模型可以根据其他待测试样品的特征数据，预测其多糖含量。这种方法可以快速、准确地评估灵芝样品的多糖含量，节省时间和成本。

2. 成分分析和鉴别

人工神经网络算法模型可以使用一系列多糖特征参数和样品的指纹数据，对不同类型的灵芝样品进行分类和鉴别。通过学习已知类型的样品数据，人工神经网络算法模型可以识别出不同灵芝样品之间的差异和相似性，帮助鉴定灵芝多糖的来源和品质。

3. 质量评估和控制

人工神经网络算法模型可以根据已知的灵芝多糖标准和与质量相关的特征数据，建立一个质量评估模型。通过将待测样品的数据输入模型中，可以评估其与标准的符合程度，从而判断其质量优劣，并进行质量控制。

需要注意的是，为了建立准确有效的人工神经网络算法模型，需要充分收集、整理和处理大量的灵芝样品数据，并进行适当的训练和验证。此外，还需要考虑其他因素，如样品预处理、特征选择等，以提高模型的可靠性和准确性。

参 考 文 献

李娜, 吕爽, 董建国, 等. 2023. 常见食用菌营养成分及风味物质分析. 食品工业科技, 44(18): 441-448.

李妍. 2020. 食用菌食品的营养价值及其保健功能. 现代食品, (23): 153-155.

刘晓雪, 奚楚瑜, 李文杰, 等. 2023. 牛肝菌对动物肠道微生物的影响. 食品工业, 44(7): 159-162.

石越, 张玲赫, 努尔买买提, 等. 2023. 元蘑多糖分离纯化和结构表征及体外降血糖活性. 食用菌学报, 30(4): 59-66.

王秋果. 2020. 野生松茸有效成分活性研究及风味产品的研制. 成都: 成都大学.

熊碧, 许文远, 杨清清, 等. 2023. 13 种常见食用菌的氨基酸组成特征及营养评价. 农产品质量与安全, 2023, (3): 15-21.

徐宏. 2021. 羊肚菌与牛肝菌活性成分对比分析及精深加工研究. 成都: 成都大学.

杨永芳, 黄芳芳, 丁国芳. 2009. 水母的化学组成及生物活性的研究进展. 浙江海洋学院学报(自然科学版), 28(1): 86-90.

游育红, 林志彬. 2003. 灵芝多糖肽的抗氧化作用. 药学学报, (2): 85-88.

张群豪, 林志彬. 1999. 灵芝多糖 GL-B 的抑瘤作用和机制研究. 中国中西医结合杂志, (9): 544-547.

第9章

随机森林算法模型在咖啡
加工处理中的应用

9.1　咖啡的分类

9.1.1　大粒种咖啡

大粒种咖啡又称利比里亚咖啡，原产地为非洲海岸利比里亚的热带雨林地区。大粒种咖啡植株为常绿乔木，植株高大，可长至 10m 以上。植株主根深，比较耐旱、耐光、抗风，但该植株容易感染锈病，其枝条木栓化快，枝条粗壮且硬。大粒种咖啡植株的叶片呈现椭圆或圆形，叶面有革质光泽感，叶片边缘无波纹。

大粒种咖啡果实大，为长圆形，成熟的果实呈朱红色，果皮与果肉厚实且质地硬，果脐大而凸出。其种子外壳厚且硬，种皮紧贴种仁，豆粒大，豆身瘦长，豆粒一头尖状，形似瓜子。鲜果与干豆的比例为（7~10）：1。虽然大粒种咖啡植株枝条粗壮，但是枝条的结果较少，每节果数为 5~6 粒，单株产量高，单位面积产量低。

大粒种咖啡的风味浓烈，味道比较苦，刺激性强，品质较差，且植株高大、采摘困难，大粒种咖啡种植的规模相对于中粒种咖啡和小粒种咖啡的种植规模小，占全球咖啡产量的 2%~5%，主要种植区分布在东南亚地区，目前菲律宾是大粒种咖啡最大的生产国。

目前我国国内主要的大粒种咖啡品种有埃塞尔萨种，长势旺盛，果实形似中粒种，鲜果与干豆的比例为（5~8）：1，是在 20 世纪 70 年代时从广西引入海南种植的。

9.1.2　中粒种咖啡

中粒种咖啡又称甘佛拉种和罗巴斯塔种，其原产地是非洲刚果与乌干达等热带雨林地区，多分布于低海拔（<900m）地区。其植株为常绿小乔木，植株高度

一般在 5～8m，属于中等株高，中粒种咖啡植株的树干粗壮，但是对干旱、强光以及抗风寒等耐受能力弱，对叶锈病有较好的抗性。中粒种咖啡植株的叶片呈现椭圆形，叶片比较软且薄。

中粒种果实分为扁圆形和圆形，果实多且生长速度快，豆粒的外形偏圆，咖啡因、氨基酸和绿原酸的含量比较高，绿原酸是咖啡苦涩味道的来源。中粒种咖啡风味浓香，醇厚，刺激性较强，品质一般。其咖啡产量占全球咖啡产量的 20%～30%，目前，中粒种咖啡种植主要分布在越南、印度尼西亚、巴西等地区。

目前我国国内的中粒种咖啡主要产地为海南，由于中粒种咖啡植株对环境的适应能力极强，由 1935 年从爪哇引入种植，后经过中国热带农业科学院香料饮料研究所等先后选育出 8 个中粒种咖啡，均具有高产、无性系等优点，提高了中粒种咖啡的效益和产量。

9.1.3　小粒种咖啡

小粒种咖啡又称阿拉伯种咖啡，原产地为埃塞俄比亚，其植株为常绿灌木。小粒种咖啡植株较小，一般高度为 4～5m。其分枝比较细长，枝干的木栓化比较早。小粒种咖啡的植株可抗风，耐旱能力中等，但是抗寒能力较差，极少会感染锈病。其植株的叶片小而尖，呈现细长椭圆的形状，叶片的硬度比中粒种咖啡的叶片硬度大，叶片边缘有明显的波纹。

小粒种咖啡果实较小，果皮较厚且具有韧性，种皮比较厚，容易与种仁分离。豆粒一般呈椭圆形，较细长且扁平，鲜果与干豆的比例为（4.5～5）：1。种子较小，单节结果较少，但枝条结果数量比较多，所以在管理良好的情况下，其产量可与中粒种咖啡相当。

小粒种咖啡风味香醇，口感细腻，浓而不苦，香而不烈，略带果酸型，品质优异，目前被广泛种植，占全球咖啡总量的 70%。小粒种咖啡的海拔要求在 800～2000m，种植海拔越高，咖啡品质相对也会越好。目前比较著名的小粒种咖啡树栽培地区有埃塞俄比亚、哥伦比亚、印度尼西亚、巴西、哥斯达黎加、牙买加和肯尼亚等。小粒种咖啡的种植对环境的要求比较敏感，比较适合阿拉伯种咖啡树生长的地区一般都位于南北回归线之间的高山地形。

目前，世界上主要的小粒种咖啡品种有铁毕卡（Typical）、波邦（Bourbon）、卡杜拉（Caturra）、卡杜艾（Catuai）、肯特（Kent）、蒙多诺沃（Mundo Novo）、马拉弋吉佩（Maragogype）、帕许卡曼（Pache comum）、帕许卡利斯（Pache colis）、鲁伊鲁-11（Ruiau-11）、卡蒂莫（Catimor）、阿马雷欧（Amarello）等，其中铁毕卡与波邦是小粒种原生品种，其余为小粒种基因突变与种内杂交产出的常见品种。目前我国国内种植小粒种咖啡的主要地区还是以海南与云南为主。

9.2　影响咖啡的因素

9.2.1　咖啡的种植资源

咖啡有数百种不同的品种，地域、环境、口味和产量决定种植的品种。因此，咖啡的种植资源对咖啡的品质和口感有重要影响，以下是咖啡的种植资源对咖啡的影响。

1. 气候

适宜的气候条件是咖啡生长和发展的关键因素之一。阳光充足、适度的温度和降雨量对咖啡植株的健康生长至关重要。气候的变化会直接影响咖啡豆的成熟程度和风味发展。

2. 土壤质量

土壤的营养状况和成分对咖啡植株的生长和咖啡豆的品质有着直接影响。肥沃的土壤有助于提供植物所需的营养，有助于咖啡植株的健康生长。

3. 海拔

咖啡的种植海拔也会对咖啡的品质产生影响。一般来说，较高的种植海拔会导致咖啡豆生长缓慢，以更加浓郁的风味发展，通常具有更高的酸度和更丰富的风味特征。

4. 品种选择

咖啡豆的品种选择对咖啡的口感和风味特征起着决定性的作用。阿拉比卡种是最常见和受欢迎的咖啡品种，其通常被认为具有较高的品质，口感较柔和，酸度相对较高。罗布斯塔种则通常具有较强的苦味和浓郁的口感。

总之，咖啡的种植资源对咖啡的品质和口感有着至关重要的影响。气候、土壤、海拔、品种选择等的差异，将使每个产地的咖啡呈现出独特的风味特点，满足不同消费者的口味偏好。

9.2.2　咖啡种植栽培

咖啡的种植栽培方法对咖啡的品质有重要影响，它决定了咖啡在口感、风味和特征方面的独特性。种植者的栽培技术和选择的栽培方法直接影响着咖啡豆的发展过程和最终的品质。不同的栽培方法可以得到明显的结果。有机栽培方法强调对土壤和环境的保护，不使用化学农药和肥料。这种栽培方式倡导生态平衡，并产生更天然的风味和口感。栽培方法还涉及咖啡植株的处理和管理。合理的浇水和施肥可以提供植物所需的养分，促进咖啡植株的健康生长。注意病虫害的管理有助于保护咖啡植物的健康，并减少对化学农药的依赖。

咖啡种植栽培方法对咖啡的品质产生直接而明显的影响，通过合理选择和实施栽培技术，种植者可以培育出具有丰富口感和独特风味的高品质咖啡豆，满足不同消费者对咖啡的口味偏好。

9.2.3　咖啡的成熟度和咖啡豆的采摘方法

1. 咖啡的成熟度

咖啡的成熟度通常是指咖啡果实的内部和外部成熟程度，通常分为以下几个阶段：

（1）不成熟期。在不成熟期，咖啡果实通常呈绿色，内部的咖啡豆尚未充分发育。此时采摘的果实通常会带来青味、酸味和苦味，咖啡的风味质量较差。

（2）部分成熟期。在部分成熟期，咖啡果实开始转变为黄色或橙色，内部的咖啡豆也开始发育。这个阶段的咖啡豆通常具有较高的酸度和一些甜味，但仍然缺乏丰富的风味。

（3）完全成熟期。在完全成熟期，咖啡果实呈红色或紫色，内部的咖啡豆充分发育。此时采摘的果实通常具有更好的甜度、风味和口感。完全成熟的咖啡豆通常会表现出较低的酸度、更丰富的风味特征，如巧克力、坚果或水果的味道。

不同成熟度对咖啡品质存在不同的影响。未完全成熟的咖啡果实通常含有较高的酸度，影响咖啡的平衡和口感。完全成熟的咖啡豆通常具有较低的酸度，能够带来更柔和的口感。随着咖啡果实的成熟度增加，咖啡豆中的糖含量也会增加，带来更丰富的甜味。不同成熟度的咖啡果实会呈现不同的风味特征。完全成熟的咖啡豆通常能展现出更多元化和复杂的风味，而不成熟的果实则容易带来青味或苦味。咖啡的成熟度对品质的影响是显著的，在追求高品质咖啡的过程中，选择适当的成熟度范围进行采摘是至关重要的。

2. 咖啡豆的采摘方法

咖啡豆的采摘方法也会对最终的咖啡品质产生影响，下面介绍几种常用的采摘方法，包括手摘法、摇落法和机械采摘。

手摘法是一种采摘咖啡豆的方式，相对于机械化的采摘，手摘法有着一定的优势，对咖啡品质存在一定影响。以下是手摘法对咖啡品质的几个主要影响因素：

（1）成熟度控制。手摘法通常由经验丰富的采摘工人完成，他们可以准确判断咖啡果实的成熟度。只有成熟度适宜的果实才会被采摘下来，这样可以确保咖啡豆的甜度、酸度和风味发展到最佳状态。

（2）选择性采摘。手摘法可以选择性地采摘咖啡树上的成熟果实，而不受不成熟或过熟果实的影响。这种选择性采摘可以提高咖啡的品质和一致性，避免采摘不完全成熟的果实带来的苦涩或酸味。

（3）保护咖啡豆完整性。手摘法相对温和，可以更好地保护咖啡树枝上的咖啡豆。机械化采摘通常会导致咖啡豆的破损和碎片，这会影响咖啡的品质和口感。

（4）人工选择性处理。手摘法采摘的咖啡豆通常会经过人工选择性处理，去除残留的不成熟或有瑕疵的豆子。这样可以确保只有优质的豆子进入后续的处理和烘焙过程。

虽然手摘法可以提高咖啡品质，但它也需要更多的人力资源和时间，因此成本较高。此外，不同地区和种类的咖啡对采摘方式的要求也可能有所不同。

摇落法是一种咖啡豆采摘的方式，它与传统的手摘法不同。在摇落法中，采摘工人使用工具（如树枝）轻轻地摇动咖啡树，以将成熟的咖啡果实摇落到地面上，再进行收集。相比于手摘法，摇落法采摘时，无法像手摘法那样进行精确的成熟度判断。这可能导致摇落下来的果实中包含一些未完全成熟或过熟的果实，影响咖啡的品质和口感。且在摇落过程中，咖啡豆可能会与树枝、地面等物体接触，导致咖啡豆的破损、碰撞及污染，可能会对咖啡的风味和质量产生负面影响，需要在后续的处理和分选过程中进行清理。

尽管摇落法相对于手摘法有一些不足之处，但它可以提高采摘的效率和降低人力成本。它在一些大规模咖啡园中得到应用，但在追求高品质咖啡的特殊领域中，手摘法仍然被认为是最佳的采摘方式。最终的咖啡品质和口感还受到后续处理和烘焙等环节的影响。

机械采摘是一种使用机器设备进行咖啡豆采摘的方法。相对于手摘法或摇落法，机械采摘在咖啡品质方面可能会产生一些不同的影响。机械采摘通常难以进行准确的成熟度判断，机器无法像人工一样辨别咖啡果实的成熟度。因此，有可能会将未完全成熟或过熟的果实一起采摘，这可能会影响咖啡的风味和品质。机械采摘过程中，咖啡豆常常会与采摘设备接触，可能会导致咖啡豆的破损、划伤和磨损。这些损伤可能会导致咖啡豆的质量下降，影响咖啡的口感和风味。

机械采摘具有高效率和成本较低的优点，对于大规模咖啡园来说是一种常用的采摘方式。虽然机械采摘在某些方面可能会对咖啡品质产生一定影响，但最终的咖啡品质还受到后续处理和烘焙等环节的影响。为了追求高品质的咖啡，一些特定的领域或农场可能仍然倾向于手摘法或其他手工采摘方法。

9.2.4　咖啡的初加工方式

咖啡的初加工是指将咖啡生果收获后,进行果皮去除和果肉分离等处理过程。初加工对咖啡的品质和口感有重要影响, 其处理方法有如下几种。

1. 湿法处理

湿法处理是一种常用的初加工方法, 这种方法处理过程中, 咖啡豆经过去皮和去果肉的步骤, 可以将果皮和果肉从咖啡豆表面彻底清离。这个环节的精细程度会影响咖啡豆的整洁度, 去除多余的果肉和杂质, 确保豆质纯净和一致。因此,湿法处理可以产生干净、无杂质的咖啡豆, 有利于保持品质的稳定性。湿法处理通常会使咖啡豆的酸度相对较高。在发酵的过程中, 果肉的降解会产生有机酸,这些有机酸赋予咖啡丰富的酸度特征。湿法处理的咖啡豆通常具有明亮、清爽和酸度突出的口感。同时, 这种加工方法使得咖啡豆能够展现出丰富的风味特征,如花香、水果味、茶叶味等。湿法处理的咖啡通常具有较高的复杂性和清晰度,能够呈现出更多细腻的层次和口感。湿法处理包含了咖啡豆的后续干燥过程。这个过程需要注意控制适当的干燥时间和方法, 以避免发霉或产生过多的发酵味。正确的干燥过程可以使咖啡豆达到理想的湿度, 稳定其品质并延长咖啡豆的保存时间。

湿法处理能够产生干净、酸度突出和风味丰富的咖啡, 同时提供较高的品质稳定性和口感透明度。然而, 需要注意的是, 不同产地和咖啡品种的湿法处理可能会产生不同的风味和口感。

2. 干法处理 (又称自然干燥)

干法处理是一种将咖啡果实整个晒干的方法。在这种处理方法中, 咖啡果实会在太阳下暴晒一段时间, 直至外层果皮和果肉干燥, 以便将其去除。这个过程可以使得咖啡豆吸收了来自咖啡果实的养分和糖分, 并在干燥过程中逐渐转化为风味物质。干法处理的咖啡通常具有浓郁的水果、浆果和糖果的风味, 通常具有明显的甜味、浓郁的口感和较低的酸度。

同时, 干法处理能够产生较高的复杂性和多样性的咖啡风味。由于这种处理方式维持了咖啡豆与咖啡果实的接触, 使得咖啡豆能够吸收更多的自然香气, 增加了咖啡的层次感和丰富度, 能够呈现出更复杂的水果、坚果和香料等风味。干法处理在一定程度上能够更好地保留咖啡豆的原始地域特征。因为日晒干燥使得咖啡豆与咖啡果实的接触更加紧密, 所以咖啡豆能够更好地吸收当地气候、土壤和植物特有的风味。这使得干法处理的咖啡能够表现出更明显的地域特征和个性化。

干法处理相对于湿法处理，更具有挑战性和风险性，原因主要包括对气候条件的依赖、鲜果处理的复杂性、更长的处理时间以及更高的劳动力和资源投入。这些因素需要更多的技术和经验，以确保干法处理能够产生高质量的咖啡豆。

3. 浸泡法

浸泡法是一种介于湿法处理和干法处理之间的处理方法，常见的浸泡方法包括法式壶、凝冰滴和浸泡式滴漏。在这种方法中，咖啡豆在收获后将整个果实浸泡在水中，待果肉与豆胚分离后再进行晾晒。湿法处理通常会产生干净、细腻和酸度较高的咖啡，而干法处理则会产生更浓郁的水果味和较低的酸度。浸泡法则介于两者之间，产生中等酸度和丰富的果味。

浸泡法相对于其他冲泡方法来说，操作上更加容易控制和调整。浸泡时间、水温和搅拌的方式可以根据个人口味偏好进行调整，以获得最佳的咖啡品质。需要注意的是，浸泡法也具有一些潜在的挑战：浸泡时间过长、水温过高或过低都可能对咖啡的口感和品质产生负面影响。因此，在使用浸泡法冲泡咖啡时，关注细节和尝试不同的参数调整是重要的，以获得最佳的咖啡品质。

9.2.5　咖啡的烘焙加工方式

咖啡烘焙在国内兴起时间较短，在 10 年前咖农几乎不烘焙自己种植的咖啡，大多都是采摘加工后就直接卖给生豆收购商。而今随着咖啡消费人群的不断增多，人们对品质要求也在逐年提升。咖啡生豆本身没有香气和风味，烘焙是加工过程中产生香气和风味所必不可少的环节。咖啡烘焙是指咖啡豆经过一定温度的烘焙，去除咖啡豆中多余的水分，使咖啡豆中的部分成分转化成焦糖化糖分及风味油脂的过程。实际上咖啡烘焙一直以来都被视为神秘的技术，很多烘焙师往往独自摸索，不断尝试，甚至在错误的方法中学习，看似简单的操作，烘焙出来的咖啡味道却千差万别。究其原因主要是影响烘焙的因素多，烘焙设备类型不同，操作不当或烘焙时不注意造成烘焙瑕疵而影响产品质量。

下面是几种常见的烘焙加工方式及其对咖啡品质的影响。

1. 浅烘

浅烘（light roast）通常是较短时间的烘焙，烘焙温度较低。这种烘焙方式保留了咖啡豆天然的酸度和原始风味，呈现出明亮、清淡的口感。浅烘咖啡通常具有较高的酸度、花香和水果味，有时伴有茶叶或草本的风味。

2. 中烘

中烘（medium roast）烘焙程度适中，介于浅烘和深烘之间。在这个烘焙程度下，咖啡豆的酸度较浅烘稍微降低，同时也进一步发展了咖啡豆的甜味和风味。中烘咖啡通常具有均衡的酸度、丰富的口感和较多变化的风味特征，如巧克力、坚果和焦糖的味道。

3. 深烘

深烘（dark roast）是较高温度烘焙的方式，时间也相对较长。这种烘焙方式使咖啡豆的酸度明显降低，同时也增加了苦味和烘焙的香气。深烘咖啡通常具有浓郁的体醇感、重口感和苦甜味，可能呈现出焦糖、可可和烘焙的香气。

4. 特殊烘焙方式

除了传统的浅烘、中烘和深烘，还有一些特殊烘焙方式，如意式烘焙、法式烘焙等。这些特殊的烘焙方式会根据特定的地区或个人喜好来调整烘焙温度、时间和方法，以突出特定的风味特征。

不同的烘焙方式赋予咖啡不同的口感、酸度、甜度和风味特征。同时，不同的烘焙方式与烘焙时间的组合也会产生不同的结果，因此存在个体差异和特定咖啡类型的影响。咖啡在烘焙过程中会发生一系列的物理和化学反应，尤其是美拉德、焦糖化及深烘焙的干馏化等，可以产生上千种香气成分和数百种化合物，同时水分在不断减少。此外，咖啡豆的颜色、重量、香气、风味等都在变化。烘焙的总时间对咖啡风味物质的形成有较大的影响，在相同烘焙度的情况下，总时间越短，酸的强度越高；反之总时间越长，酸的强度越低，苦味也会越大。

此外，烘焙后的咖啡需要适度的冷却和适当的储存来保持品质。刚烘焙出炉的咖啡豆表温度超过 200℃，如果冷却不及时，虽然咖啡豆已经停止烘焙，但咖啡豆内的化学反应依旧在进行，从而影响烘焙质量。因此，冷却的时间越短越好。冷却不仅影响咖啡最终烘焙度，还能将香气快速锁在咖啡豆内。

9.3　基于随机森林算法模型的质谱离子化效率预测模型

9.3.1　随机森林算法概述

机器学习中有一种大类称为集成学习（ensemble learning），集成学习的工作原理就是将多个分类器组合，从而实现一个预测效果更好的集成分类器。集成算法大致可以分为 Bagging、Boosting 和 Stacking 三大类型。Leo Breiman 于 1994年提出了 Bagging 算法，又称装袋算法。而随机森林是在 Boostrap 法（自举法）的基础上，从一个总样本中构建出不同的多个子样本和子特征来对目标进行学习的多棵决策树的分类器。随机森林这个术语是 1995 年由贝尔实验室的 Tin Kam Ho

所提出的随机决策森林（random decision forest）而来的。Leo Breiman 于 2001 年正式将其命名为随机森林。

随机森林是指利用多棵决策树对样本进行训练并预测，它是一个涵盖多个决策树的算法，随机森林输出的类别是由个别决策树输出的类别的众数来决定的。随机森林的随机性主要体现在两个方面：一是样本采样上的随机，即采样采取的是有放回的重采样（Bootstrap 采样）；二是特征集的随机选取，即随机地选取所有特征的一个子集，从而计算最佳分割方式。

机器学习中有回归和分类这两种任务，而随机森林可以同时胜任这两种任务。其中分类任务是对离散值进行预测（如将一图像中的植被、建筑、水体等地物类型分类）；回归任务是对连续值进行预测（如根据已有的数据预测明天的气温是多少摄氏度，或预测明天某基金的价格）。组合多个弱分类器，最终结果通过投票或取均值，使得整体模型的结果具有较高的精确度和泛化性能。其可以取得不错的成绩，主要归功于"随机"和"森林"，一个使随机森林算法具有抗过拟合能力，一个使随机森林算法更加精准。

随机森林适合做多分类问题，它的训练和预测速度比较快，尤其是在处理数据集上表现良好，能够有效地处理数据缺失的数据集，并维持准确度不变，对数据集的训练具有一定的容错能力。

随机森林能够处理很高维度的数据，不用做特征选择，能够在分类的过程中生成一个泛化误差的内部无偏估计，不会出现过度拟合，随机森林整体的实现简单并且容易实现并行化。但是随机森林在解决一些回归问题时，效果不如处理分类问题时好，在解决回归问题时无法做出连续的输出，在处理时它不能做超出训练集中所包含的数据范围的预测。

9.3.2　随机森林算法原理

随机森林是从原始训练样本集 N 中有放回地重复地随机抽取 X 个样本，并将这些抽取出的样本生成新的训练样本集合，然后根据这个样本集生成 X 个分类树从而组成随机森林，样本集的分类结果按分类树投票多少形成的分数而定。随机森林的实质是对决策树算法的一种优化，将多个决策树合并在一起，每棵决策树的建立依赖于一个独立抽取的样品，森林中的每棵树具有相同的分布，分类误差取决于每一棵树的分类能力和它们之间的相关性。特征选择采用随机的方法去分裂每一个节点，然后比较不同情况下产生的误差。能够检测到的内在估计误差、分类能力和相关性决定选择特征的数目。单棵树的分类能力可能很小，但在随机产生大量的决策树后，一个测试样品可以通过每一棵树的分类结果选择。

在建立每一棵决策树的过程中，需要注意采样与完全分裂这两个点。首先是两个随机采样的过程，随机森林对输入的数据要进行行、列的采样。对于行采样，采用有放回的方式，也就是在采样得到的样本集合中，可能有重复的样本。假设输入样本为 N 个，那么采样的样本也为 N 个。这样使得在训练时，每一棵树的输入样本都不是全部的样本，相对不容易出现过拟合。然后进行列采样，从 M 个特征中，选择 m 个（$m \ll M$）样本。之后就是对采样之后的数据使用完全分裂的方式建立出决策树，这样决策树的某一个叶子节点要么是无法继续分裂的，要么里面的所有样本都是指向同一个分类。一般很多决策树算法都有一个重要的步骤，即剪枝，但是随机森林算法不需要剪枝，这是由于随机森林算法随机采样的过程保证了随机性，所以就算不剪枝，也不会出现过拟合。

9.3.3　随机森林算法模型在咖啡中的效率预测应用

由于健康问题，商业咖啡生产商普遍使用一些脱咖啡因方法来去除咖啡中的咖啡因。然而，一定量的香气前体可以与咖啡因一起去除，这可能会导致不含咖啡因的咖啡味道稀薄。为此，Zou 等（2022）为了从挥发性成分的角度了解普通咖啡和脱咖啡因咖啡之间的差异，从非靶向分析层面，利用随机森林算法模型选择最重要的特征，这些特征可以在两种咖啡类型之间进行不同的分类，最终实验确定了 20 个歧视性特征。结果表明，吡嗪衍生化合物是常规咖啡组的强标志物，而呋喃衍生化合物是脱咖啡因咖啡样品的强标志物。随机森林算法模型在分类选择特征中表现良好，能够对重要特征做出区分。

Son 等（2023）为研究咖啡种植区的信息，对其产量进行估算，开发了一种使用越南中央高地的 Landsat（陆地卫星）和 DEM（数字高程模型）数据进行咖啡制图和变化检测的方法。使用随机森林算法模型处理了 1995 年、2005 年和 2020 年的数据。通过参考数据验证，测绘结果显示，总体精度和 Kappa 系数分别高于 86.9% 和 0.74。基于卫星的咖啡区与官方统计数据之间的密切关系证实了这些发现，均方根百分比误差（RMSPE）和平均绝对百分比误差（MAPE）分别大于 9.9% 和 7.6%。

Chemura 等（2017）测试了 VIS/NIR（可见光/近红外光谱）范围内选定波段使用随机森林算法模型预测咖啡中植物含水量的能力，使咖啡植物暴露于不同水平的水分胁迫和反射率下，测量植物的含水量。将选择处理的数据集成到随机森林算法模型中以预测咖啡含水量。结果表明，与反射率差和互相关选择波段相比，反射灵敏度选择波段在水应力检测方面表现最佳。使用随机森林算法模型可靠地预测了 VIS/NIR 范围内咖啡中的含水量。Tridawati 等（2020）研究评估了分类模型的准确性，并确定了绘制咖啡种植园地图的重要变量。建立机器学习模型，模型通过整合多分辨率、多时相、多传感器遥感数据得到 500 个变量，应用随机森林算法，该模型的总体准确度、Kappa 统计量、生产者准确度和用户准确度分别为 6.79%、333.0、774.92%和 0.90%。此外，790 个最重要的变量实现的总体准确度、Kappa 统计量、生产者准确度和用户准确度分别为 12.79%、333.0、774.91%和 333.84%。结果表明，随机森林算法模型在农林业系统中绘制咖啡种植园地图方面非常有效。

随机森林算法模型在咖啡中的应用远不止于此，在回归和分类问题上有出色的表现，在咖啡树种植业、咖啡产业以及咖啡的研究等多方面中均有运用且取得优异的效果，在未来的研究中，随机森林算法模型结合其他机器学习算法以此提高模型准确性等，在咖啡相关产业中的应用会越来越广泛。

9.3.4　随机森林算法模型在咖啡烘焙品质控制中的应用

咖啡是一种全球流行的饮料，具有诱人的香气和风味。虽然咖啡冲泡可以通过多种方式进行，但不可否认的是，烘焙咖啡豆的质量是影响饮料最终质量的重要因素之一，尤其烘烤是需要特别注意的步骤之一。高效的烘焙过程通常由经验丰富的烘焙大师执行，他们在整个烘焙过程中不断检查豆子的颜色和香气等特征。在许多情况下，还根据烘焙大师的经验构建了针对特定类型咖啡豆的适当烘焙配置文件。

为了减轻上述对烘焙大师经验的依赖,已经尝试开发咖啡豆烘焙过程的模型。Okamura 等（2021）基于机器学习，收集了与焙烧有关的各种数据，开发了机器学习模型，共使用五种机器学习算法，如逻辑回归、决策树、随机森林、支持向量回归和全耦合神经网络。实验验证，其中结果比较好的三种模型为随机森林、支持向量回归和全耦合神经网络。该模型使用多种机器学习算法从烘焙的输入信息中预测得出咖啡豆的颜色与其他相关信息，根据咖啡豆在烘焙过程结束时的颜色大致了解咖啡豆的特性。不同产地的咖啡豆具有不同的特性，不同口味和香气的咖啡豆的烘焙曲线设置也不同。这个模型能够根据需要的特征风味需求，从而预测出烘焙的曲线，对于咖啡烘焙的初学者，它可以作为烘焙的指标，对于咖啡专家，他们可以通过烘焙曲线提前检查咖啡豆的煮熟程度。

Lee 等（2022）为了实现区分不同产区新鲜烘焙咖啡的香气，以及咖啡产地的可追溯性，采用了六种机器学习技术（决策树、随机森林、XGBoost、支持向量机、卷积神经网络、卷积神经网络+长短期记忆网络）来执行咖啡香气的类别预测，测试咖啡香气的最高准确率为 99.8%，这个模型能够有效区分不同产区咖啡烘焙的香气，保证咖啡的风味品质。

5-羟甲基糠醛（5-HMF）是一种对人类具有致癌性的化合物，因此在食品检测中至关重要。为研究确定烘焙咖啡中的 5-HMF 含量，Xie 等（2023）对六种烘焙样品包括中烤卡蒂莫尔、深烤卡蒂莫尔、中烤罗布斯塔、深烤罗布斯塔、中烤阿拉比卡和深烤阿拉比卡，利用近红外光谱检测咖啡中的 5-HMF 含量，研究基于原始和预处理方法、不同来源的咖啡豆、不同烘焙度下的咖啡处理方法，利用随机森林提取重要的波数建立回归模型，又建立三个机器学习模型（普通最小二乘法、支持向量机和随机森林）对烘焙咖啡中的 5-HMF 进行预测，在三个模型预测结果中，随机森林获得最佳预测结果（Rc2= 0.98 和 Rp2= 0.92），与最小二乘法和支持向量机相比，有效提取了重要的波数，为基于近红外光谱的机器学习模型确定烘焙咖啡中的 5-HMF 含量提供一种无损方法，通过构建预测模型的选定波数可设计一个简单的 5-HMF 多光谱检测传感器，该传感器可以对咖啡行业中的 5-HMF 含量进行大规模检测。

目前，随机森林算法模型在咖啡烘焙品质控制中的应用越来越广泛，它能够处理高维度的数据，且不需要做特征选择，模型泛化能力强，训练速度快且实现简单。

参 考 文 献

毕晓菲, 张晓芳, 付兴飞, 等. 2023. 不同咖啡鲜果初加工方法对产品品质的影响. 保鲜与加工, 23(8): 35-39.

李亚麒, 娄予强, 何红艳, 等. 2022. 咖啡果实不同成熟度对其品质的影响. 种子, 41(12): 78-84, 92.

Chemura A, Mutanga O, Dube T. 2017. Remote sensing leaf water stress in coffee (Coffea Arabica) using secondary effects of water absorption and random forests. Physics and Chemistry of the Earth, Parts A-C, 100: 317-324.

de Oliveira G H H, de Oliveira A P L R, Botelho F M, et al. 2018. Coffee quality: Cultivars, blends, processing, and storage impact. Journal of Food Quality, 2018: 9805635.

Getaneh E, Fanta S W, Satheesh N. 2020. Effect of broken coffee beans particle size, roasting temperature, and roasting time on quality of coffee beverage. Journal of Food Quality, 2020: 8871577.

Lee C H, Chen I T, Yang H C, et al. 2022. An AI-powered electronic nose system with fingerprint extraction for aroma recognition of coffee beans. Micromachines, 13(8): 1313.

Okamura M, Soga M, Yamada Y, et al. 2021. Development and evaluation of roasting degree prediction model of coffee beans by machine learning. Procedia Computer Science, 192: 4602-4608.

Son N T, Chen C F, Chen C R, et al. 2023. Multidecadal evaluation of changes in coffee-growing areas using Landsat data in Central Highlands, Vietnam. Geocarto International, 38(1): 258174218.

Tridawati A, Wikantika K, Susantoro T M, et al. 2020. Mapping the distribution of coffee plantations from multi-resolution, multi-temporal, and multi-sensor data using a random forest algorithm.

Remote Sensing, 12(23): 3933.

Xie C Q, Wang C Y, Zhao M Y, et al. 2023. Detection of the 5-hydroxymethylfurfural content in roasted coffee using machine learning based on near-infrared spectroscopy. Food Chemistry, 422: 136199.

Zou Y, Gaida M, Franchina F A, et al. 2022. Distinguishing between decaffeinated and regular coffee by HS-SPME-GC × GC-TOFMS, chemometrics, and machine learning. Molecules, 27(6): 1806.

第10章

决策树算法模型在挂面中的应用

10.1 挂 面 检 测

挂面（dried noodle）是以小麦粉为原料，以水、食用盐（或不添加）、碳酸钠（或不添加）为辅料，经过和面、压片、切条、悬挂、干燥等工序加工而成的产品。因其口感好，方便食用，易于储存等优点，挂面一直是人们喜爱的面食之一。

挂面的检测是保证挂面的安全性和质量的重要环节，通过检测可以保证挂面的安全性，同时可以阻止不符合标准的挂面流入市场。

一方面，通过严格、精准的检测方法从食品中检测是否含有危害人体健康的有毒有害物或是污染物，检测添加剂的使用是否符合标准，保证消费者所入口的食品是健康无害的。

另一方面，通过检测食品中的营养成分，从而保证挂面的品质和营养，增强企业对挂面的品控，例如，通过检测挂面中的蛋白质、淀粉、脂肪等成分的含量，可以判断食品是否符合质量标准。

从整个生产行业的方面来说，严格的检测使得生产的食品更具竞争力，能够更加大胆地推广食品，增加收益，进而推动食品行业的发展。另外，通过严格准确的检验，也能提高消费者对产品的信任度，提升企业形象，从而创造更多的收益，其工艺流程如图 10-1 所示。

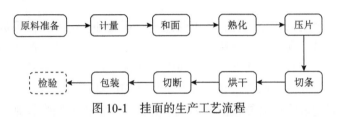

图 10-1　挂面的生产工艺流程

10.1.1　影响挂面质量的因素

1. 淀粉

面团中的淀粉大致可分为直链淀粉和支链淀粉。直链淀粉的稳定性和黏附性比支链淀粉差，且水溶性差，这就会使得它在面条蒸煮过程中溶出到面汤中，使得面汤变得浑浊，降低汤面的感官特性，另外也会导致烹调损失率升高。而支链淀粉具有更强的黏性，同时又不易老化，能够增强挂面的弹性和黏性，但是支链淀粉过多则会导致面条过黏，使得面条变得黏牙、不爽口，而且支链淀粉易糊化、易消化，使得其升糖指数高，容易让人体重增加。直链淀粉与支链淀粉的比例不仅影响面团的质量，还会对人体健康造成影响。

2. 蛋白质

面粉中的蛋白质大致可以分为可溶解蛋白质和不可溶解蛋白质。面筋蛋白就是典型的不可溶解蛋白质，其由麦谷蛋白和麦醇溶蛋白组成，在面食的制作过程中麦谷蛋白和麦醇溶蛋白在遇水后会形成面筋，这直接决定了面团的弹性与韧性，值得一提的是麦醇溶蛋白在水合后具有良好的黏性和延展性，但缺乏弹性，而麦谷蛋白则更具韧性与弹性，而缺乏延展性，也就是说，两者的比例也是影响面团弹性与韧性的重要因素。

3. 脂类

脂类占面粉的 1.5%～2.0%，脂类在挂面的储存过程中会不断地发生氧化，产生游离的脂肪酸，一些具有挥发性的物质会导致挂面产生异味，降低挂面的品质。

4. 灰分

灰分含量主要影响面条的色泽和口味。过高的灰分含量会导致挂面的色泽暗淡，同时也会导致口味、适口性下降。

5. 和面

和面是一个机械作用过程，能够帮助麦谷蛋白和麦醇溶蛋白形成面筋，但值得注意的一点是，在和面过程中若水分太少，则会不足以让面筋蛋白水合从而形成面筋，最好是让水分保持在 30%～40%，含水量过低则会导致面团形成面筋不充分，甚至发硬开裂，而含水量过高则会导致面团粘连增加后续加工的难度。另外，和面时间过短同样会导致面筋形成不充分，但和面时间过长则会导致面团的水分过度蒸发，导致面团发硬、变老。

6. 熟化（醒面）

熟化就是人们常说的"醒面"，由于刚和好的面许多水分子还未与蛋白质结合形成网状结构，所以熟化就是为了让水分子在面团中分布均匀，使得其中的蛋白质和淀粉充分地与水分子结合，这有利于提高面团的均一性，也有利于提高面团的弹性、韧性。在生活中我们可以观察到，刚和好的面可以观察到面团的部分区域略干于其他区域，呈现更明显的白色，但在熟化后，面团从视觉上看变得更加均一。在熟化过程中需要注意熟化的时间、温度、湿度，因为在熟化过程中，面团的水分会持续蒸发，时间过长、温度过高、湿度过低都会导致面团过度失水，发硬开裂，从而影响最终挂面产品的品质。

7. 压片

通过外力作用，使得面团内部形成更多的二硫键和氢键，帮助形成更加稳定连续的网状结构，增强面条的弹性和韧性，但是压延比过高则会起到反作用，这会破坏已经形成的网状结构，使得面条更容易断裂。

8. 干燥

干燥温度过高会导致面条表面的水分蒸发速率过快，使面条的表面生成一层薄膜，这会导致面条内部的水分无法从面条中脱除，最终会导致挂面的含水量过高，品质与耐储性下降。另外，过高的温度会导致面条中的水分蒸发气化速率过快，面条局部产生细小的空洞，严重的甚至会使得面条断裂。当然，干燥温度过低则会导致水分堆积于面条表面，同时也会导致干燥时间变长，这意味着生产效率的下降。

10.1.2　挂面检测内容

感官要求：色泽均匀一致，无酸味、霉味及其他异味，无正常视力可见的异物，煮熟后在口中咀嚼时不牙碜。

理化指标：含水量应≤14.5%、酸度（mL/10g）应≤4.0%。

自然断条率：一定质量的挂面样品中，长度不足平均长度 2/3 的部分占样品的质量分数；自然断条率应≤5.0%。

熟断条率：一定根数的挂面样品在规定条件下煮熟后，被煮断的根数占样品根数的百分数；熟断条率应≤5.0%。

烹调损失率：一定质量的挂面样品在规定条件下煮熟后，流失在面汤中的干物质占样品的质量分数；烹调损失率应≤10.0%。

10.2　决　策　树

10.2.1　决策树算法概述

决策树是一种常见的非监督学习方法，用于分类和回归。它能从数据的特征中学习简单的决策规则，用以预测目标变量的值。决策树算法是一种易于理解的算法，它以树模型为核心，可广泛应用于各行各业。在解决各种问题时，决策树算法具有广泛的应用。决策树其实就是构建"一棵树"，树的起点，也就是根，称为"根节点"，通过决策进行分类的节点称为"决策节点"，最终得到的，无法再进行分类的节点称为"叶子节点"，其结构示意图如图 10-2 所示。

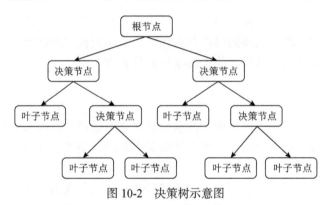

图 10-2　决策树示意图

1. 决策树的优点

决策树的优点如下：

（1）由于能够通过软件将训练得到的决策树直接进行可视化，所以相比其他模型，决策树更加直观、容易理解。

（2）决策树模型相比其他模型，需要用于训练的数据量更少。

（3）使用决策树预测数据的成本取决于训练树的数据点的数量。

（4）决策树能够处理数值型数据和分类数据，这是其他模型通常做不到的。

（5）决策树能够处理多输出的问题。

（6）决策树使用白盒模型，这意味着可以通过布尔逻辑来解释这种情况，使得模型更具可读性和可解释性。

（7）可以通过统计检验来验证决策树模型，这使得决策树更具可靠性。

（8）即使决策树模型所假设的结果与真实模型的数据有些出入，决策树模型依然能够很好地运行且得到较好的结果。

2. 决策树的缺点

决策树的缺点如下：

（1）过于复杂的决策树模型对数据的泛化性能会很差，容易产生过拟合现象。所以通常需要通过修剪，设置所需的最小样本数。在叶子节点或设置树的最大深度以避免过拟合，保证树的合理性。

（2）决策树可能是不稳定的，因为数据的细微不同，可能会导致生成完全不同的决策树。

（3）有些概念很难被决策树学习，因决策树很难清楚地表述这些概念。

（4）针对数据集中的某些类在问题中占主导地位会导致决策树拟合出现偏差的问题。

10.2.2　决策树算法原理

简单来说，决策树从根节点出发，整个数据集通过决策节点，以特征为评判标准分为若干个数据子集，并不断地重复上述步骤，直到满足停止条件，至此就生成了一棵决策树。所以决策树的决策规则可以看成一个 if-then 语句，通过 if-then 语句不停地对原有数据集进行分类决策。

既然决策树是根据特征进行递归的算法，那么如何进行科学有效的特征选择呢？信息熵可以用来度量随机变量的不确定性，熵越大，随机变量的不确定性就越大，而信息增益则是在确定某个特征后，信息熵下降的程度。我们希望得到的是基尼系数尽可能小，信息熵尽可能小，而信息增益尽可能大，具体描述如下。

1. 基尼系数

基尼系数可以用来衡量数据的纯度或者不确定性，在决策树模型中某个数据集中所含的类别越多，基尼系数就越大，用公式表达为

$$\text{Gini}(p) = 1 - \sum_{i=1}^{K} p_i^2 \tag{10-1}$$

其中，p_i 代表若一共有 K 个类别，第 i 个类别的概率。那么如果是在集合 D 中，其基尼系数则为

$$\text{Gini}(D) = 1 - \sum_{i=1}^{K} \left(\frac{|c_i|}{|D|} \right)^2 \tag{10-2}$$

其中，c_i 代表属于第 i 类的样本子集。

2. 信息熵

信息熵（information entropy）最初由香农（C.E.Shannon）提出，用于描述某些事件发生的不确定性。量化"信息量"这一抽象概念，用公式表达即为

$$H(Y) = -\sum_{i=1}^{n} p(y_i) \log p(y_i) \tag{10-3}$$

其中，y_i 为随机变量 Y 中取得第 i 个值的概率。

3. 条件熵

条件熵（conditional entropy）简单来说就是"有条件的熵"，即是在给定 X 的条件下，随机变量 Y 的不确定性，条件熵越大，X 条件下随机变量 Y 的不确定性就越大，用公式表达为

$$H(Y \mid X) = -\sum_{x,y} p(x,y) \log p(y \mid x) \tag{10-4}$$

4. 信息增益

信息增益（information gain）代表在某一条件下，信息的不确定性减少的程度。信息增益为信息熵和条件熵的差值，用公式表达为

$$\text{Gain}(Y, X) = H(Y) - H(Y \mid X) \tag{10-5}$$

10.2.3　决策树算法模型在挂面中潜在危害物质风险分析中的应用

机器学习决策树模型可应用于挂面中危害物质的风险分析，通过合理地设定决策节点的条件，以此进行风险程度分析。生吉萍等（2020）使用决策树算法，根据国标规定的限制限量、是否在检测过程中有发现过不符合规定的情况、文献能否证实其有害性等几个问题作为决策节点，对挂面中污染物、食品添加剂和生物毒素分别进行了排序，分为了三个等级，以此对挂面风险评估时的优先考虑顺序提供参考。

但这只是对挂面本身可能含有的食品添加剂量、有害物质进行了排序，为检测方面提供了参考。从理论上来说决策树还能通过大量的样本训练（含有合格、不合格但不危害人体、不合格且危害人体等不同的挂面样本），分辨合格与不合格，甚至含有害物质的挂面，这不仅可以帮助人们对挂面中的危害物质进行分析，还可以帮助人们溯源定位某个单元操作或某段生产链，确立关键控制点。另外，决策树能够帮助企业快速地检测，提高食品生产过程中的安全性，增强挂面的品控，帮助企业减少生产过程存在的不确定性，增加生产企业的竞争力。

参 考 文 献

陈夏威, 王博远, 岑应健, 等. 2019. 基于机器学习的食品安全风险预警研究现状与展望. 医学信息学杂志, 40(3): 56-61.

付苗苗, 牛桂芬. 2015. 面粉中淀粉及组分和面筋蛋白对面团粉质特性的影响. 食品研究与开发, 36(16): 28-33.

胡欢武. 2019. 机器学习基础: 从入门到求职. 北京: 电子工业出版社.

黄智濒. 2022. 现代决策树模型及其编程实践: 从传统决策树到深度决策树. 北京: 机械工业出版社.

雷宏, 王晓曦, 曲艺. 2009. 面粉中直链淀粉对面制品品质的影响. 粮油加工, (3): 73-76.

刘锐. 2012. 挂面质量调查与质量安全控制方案分析. 北京: 中国农业科学院.

吕一鸣, 杨淑凯, 张文占, 等. 2021. 挂面品质影响因素研究进展. 粮食加工, 46(6): 6-11.

生吉萍, 李苗苗, 肖革新. 2020. 基于决策树排序的挂面中潜在危害物质风险分析. 食品安全质量检测学报, 11(11): 3683-3688.

王金荣. 2021. 空心挂面加工和品质的影响因素研究及机理探讨. 无锡: 江南大学.

杨铭铎, 李冰, 韩春然, 等. 2009. 直链淀粉对冷冻面团流变学性质及发酵能力的影响研究. 现代农业科技, (20): 342-343, 345.

杨琴, 杨梦微. 2022. 面粉面筋蛋白质对焙烤食品的影响分析. 中国食品工业, (24): 93-95.

杨天一, 徐学明, 金亚美, 等. 2023. 不同面筋蛋白组分对面包品质的影响. 食品与生物技术学报, 42(2): 40-44.

杨雪峰, 宋维富, 刘东军, 等. 2023. 小麦面筋蛋白对面团拉伸特性的影响研究进展. 黑龙江农业科学, (3): 104-108.

Zhan J, Ma S, Wang X X, et al. 2019. Effect of baked wheat germ on gluten protein network in steamed bread dough. International Journal of Food Science & Technology, 54(10): 2839-2846.

第 11 章

线性回归算法在魔芋葡甘聚糖水凝胶中的应用

11.1　魔芋葡甘聚糖水凝胶增强机理

11.1.1　魔芋葡甘聚糖水凝胶概述

　　凝胶是由分子或颗粒（如结晶、乳状液液滴或分子聚集体/原纤维）连接而成的连续的三维网络，其网络由高聚物分子通过氢键、疏水键缔合（范德瓦耳斯力）、离子桥连、缠结或共价键形成连接区，液相是由相对分子质量低的溶质和部分高聚物链组成的水溶液，但由于具有交联结构使其溶胀行为受到限制，并且其溶胀的程度取决于交联密度，交联密度越高溶胀度越小。溶胀凝胶一般呈现出固体和液体之间的物质形态，随着化学组成以及其他各种因素的改变，凝胶的形态可在黏性液体和固体之间变化。凝胶具有二重性，既有固体的性质，也有液体的性质。海绵状三维网状凝胶结构是具有黏弹性的半固体，显示部分弹性与部分黏性，虽然多糖凝胶只含有 1%高聚物，含有 99%水分，但能形成很强的凝胶，如甜食凝胶、果冻、仿水果块等。许多食品产品中，一些高聚物分子（如多糖或蛋白质）能形成海绵状的三维网状凝胶结构。对凝胶稳定性的研究主要是研究形成凝胶的分子的稳定性。

　　多糖具有大量羟基，每个羟基均可和一个或几个水分子形成氢键，环氧原子以及连接糖环的糖苷氧原子也可与水形成氢键，多糖中每个糖环都具有结合水分子的能力，因而多糖具有较强的亲水性，易于水化和溶解。在食品体系中多糖具有控制水分移动的能力，同时水分也是影响多糖物理与功能性质的重要因素。因此，食品的许多功能性质和质构都同多糖和水分有关。多糖亲水胶体或胶主要具有增稠和胶凝的功能，此外还能控制流体食品与饮料的流动性质与质构以及改变半固体食品的变形性等。在食品产品中，一般使用 0.25%～0.5%浓度的胶即能产生极大的黏度甚至形成凝胶。

魔芋葡甘聚糖（konjac glucomannan，KGM）独特的结构决定了其具有许多优良的特性，其中最显著的就是其凝胶性能，该性能应用在食品工业中是因为许多食品需依赖于亲水胶体物的凝胶性质，形成一定的形状和一定的质构，并保证所期望的熔解温度和（或）增强风味的释放，在有其他食品胶凝剂配合的情况下，能形成结构稳定的胶凝体，并且随着其用量的增加，产品的柔韧性得到提高。明胶、卡拉胶、果胶和海藻酸钠就是这类典型的亲水胶体物。KGM 在碱性条件下加热，因脱掉分子链上的乙酰基，形成十分稳定的凝胶，该凝胶对热十分稳定，即使在 100℃下反复加热，其凝胶强度也几乎不变。KGM 具有独特的胶凝性能，在水溶液中易凝胶化，且低温下呈液态或糊状，常温或升温至 60℃以上则变成固态或呈半凝固状态，冷却后又恢复为液态。在一定条件下可以形成热可逆（热不稳定）的凝胶和热不可逆（热稳定）的凝胶。

KGM 独特的凝胶行为主要表现在三个方面：①加碱形成不可逆凝胶，即在 100℃下重复加热，其凝胶强度变化不大，甚至加热到 200℃以上时，仍能保持稳定；②与黄原胶、卡拉胶、结冷胶等存在强烈的协同作用，形成热可逆凝胶；③通过添加硼砂，形成热稳定凝胶。但是在三种凝胶行为中都存在一些问题而在食品中的应用受到局限。因为 KGM 水溶胶为假塑性流体，其黏度受温度的影响较大，会随着温度的上升而不断下降，表现出剪切变稀现象。在一定的碱性条件下，KGM 通过脱乙酰基形成水凝胶。

KGM 水凝胶具有如下特性：

（1）KGM 的分子链上有大量的羟基、羰基等亲水性基团，其与水结合的能力强，例如，质量分数 1%的魔芋粉的黏度可达 200Pa·s。KGM 水凝胶不带电荷，属非离子型多糖凝胶，相对于黄原胶、瓜儿豆胶等增稠剂受盐的影响较小。

（2）KGM 水凝胶经烘干后可制成透明和致密的薄膜，其在冷、热水中及酸液中能长期保持稳定。有研究表明，通过添加甘油等保湿剂可以改善 KGM 薄膜的力学性能；随着该保湿剂含量的增加，膜的力学性能降低，透明度增加；也可以通过其他改良剂的使用，来改善 KGM 薄膜的弹韧性和吸湿性等。

（3）单独的 KGM 在强碱性条件下，发生脱乙酰基作用所形成的凝胶为持水性极好的热不可逆凝胶。另外，KGM 还可以和其他天然食品胶产生物理复配作用，常见的与其复配的多糖有卡拉胶、黄原胶、阿拉伯胶、刺槐豆胶、大豆分离蛋白及淀粉等，以提高其黏性、成膜性、增稠性等理化性能。

KGM 能与黄原胶或卡拉胶等存在强烈的协同作用而形成热可逆凝胶。混合后，几乎可在任意 pH 下形成凝胶。在总浓度保持 1%的情况下，随着黄原胶的加入，表观黏度逐渐增加，当魔芋精粉与黄原胶的配比为 3∶2 时，达到最大值，然后又下降。当两者加热溶解冷却后，则形成凝胶。其凝胶强度在两者比例为 3∶2 时最大。当 pH 为 5.0 左右时，其凝胶强度达到最大。随着两者混合浓度的增加，其凝胶强度相应增大。两者混合形成的凝胶为热可逆凝胶，在室温至40℃呈固态，而在50℃以上呈半固态或液态，冷却至室温后又呈固态，关于其凝胶机理可能是：KGM 分子上平滑、没有支链的部分与黄原胶分子的双螺旋结构以次级键形式相互结合形成三维网状结构。在氢氧化钠、碳酸钾、磷酸钾等碱性化合物的作用下，KGM 经过一定的诱导期，发生脱乙酰基的反应，则形成热不可逆凝胶。在碱性条件下形成的热不可逆凝胶体，以及在酸性条件下形成的热可逆的胶凝体，在果冻、软糖及凝固性果酱类产品中已获得广泛的应用。在产品的溶解性与黏度的关系以及透明度、韧性的控制方面，不同规格的魔芋胶产生的差异也十分明显。

KGM 水溶胶为假塑性流体，其黏度受温度的影响较大，会随着温度的上升而不断下降，表现出剪切变稀现象。在一定的碱性条件下，KGM 通过脱乙酰基形成水凝胶。

魔芋凝胶食品有两大类：一类是热不可逆凝胶类，其典型代表是魔芋豆腐（糕、丝）、衍生的雪魔芋、魔芋粉丝、魔芋片、魔芋翻花，还有仿生食品如素虾仁、素腰花、素肚片、素蹄筋、素鸭肠、素鱿鱼、素海参、海蜇皮、贡丸等；另一类是热可逆性凝胶食品如果冻、布丁、果酱、无脂肪软糖等，它们在魔芋胶或魔芋复配达一定浓度后在常温下成胶冻状，若加温可恢复流体状态。KGM 不仅作为应用广泛的良好功能特性的食品添加剂，而且其具有一定的生理保健功能，能够降低血脂、血压，清理胃肠道，提高机体免疫力，增强抗肿瘤等功能。

魔芋凝胶作为添加剂可以在许多食品中起到良好的作用，如在肉制品中魔芋凝胶可以起到黏结、爽口和增加体积的作用，在乳制品中起到稳定剂的作用，在豆制品中起到稳定剂的优良作用并能延长保存期。

研究食品的凝胶性能对开发新型生物活性多糖类食品具有重大意义。这是因为凝胶性能与功能性分子结构之间有密切关系，结构决定功能特性。研究表明，影响食品凝胶性能的因素主要有复配胶、pH、温度等。KGM 通过适当的修饰，便可获得多种性能优良的功能材料，但至今为止，人们的研究还处于实验室阶段，离工业化应用还有相当的距离，特别是高级结构的影响和表征方面的研究还有许多空白，对 KGM 的化学结构的研究报道很多，但是其确切结构至今尚无统一的定论而仍在研究中，国外主要是日本对其研究得较多，国内对其研究较少。因此，增加对 KGM 水凝胶稳定性影响因素的研究对开发新型生物活性多糖类食品具有重要意义，这是因为凝胶性能与功能性分子结构之间有密切关系，结构决定功能特性。

关于 KGM 的凝胶机理及凝胶性能的研究较多，并初步达成一个共识：在一定温度下，添加一定量的凝固剂（如碱溶液）到 KGM 溶胶中，KGM分子链发生脱乙酰基而形成不可逆凝胶，然而加碱凝胶存在一些问题而在食品中的应用受到局限。

一般来说，胶体的凝胶特性与其胶体本身的分子结构有关。然而，目前有关分子量对胶体弹性模量的依赖的研究不多，主要集中在卡拉胶、黄原胶、明胶及羧甲基纤维素钠等。对一些聚合物胶体研究发现，弹性模量随着分子量的增加而增大，当超过一定分子量成为弹性模量后，即不再依赖于胶体的分子量。接头区域形成的可能性增加，连接着接头区域的柔软的分子链的长度也随着分子量的增加而变长，因此有弹性的活性链的数目增加，因而胶体的弹性模量随着分子量的增加而增大。

可能是由于金属离子通过配位作用影响了多糖的结构，也可能是通过络合作用形成蛋-箱型结构而改变了 KGM 的分子构象，增加了其分子量，进而增大了其黏度。其中 K^+ 的此种效应最显著。在食品生产中，K^+ 常被用在凝胶产品中，以提高其凝胶性能。

11.1.2　魔芋葡甘聚糖水凝胶增强机理的实现

KGM 是一种非离子型线型中性多糖，主链是由 D-葡萄糖和 D-甘露糖以 β-1,4 吡喃糖苷链连接而成的杂多糖，支链结构通过 β-1,3 键和主链相连，具有良好的成膜性、生物相容性和凝胶性。由 KGM 制成的 KGM 水凝胶是一种热不可逆型水凝胶，在食品、医药、化工等领域有着广泛的应用。然而，热稳定性差和抗拉伸能力弱成为制约 KGM 水凝胶广泛应用的主要原因。目前，为了改善 KGM 水凝胶的性能，研究人员主要从以下几个方面探究 KGM 水凝胶增强机理的实现。

1. 复合水凝胶的制备

樊李红等（2016）以 KGM 中的醛基与羧甲基壳聚糖的氨基间的席夫碱反应制备了复合水凝胶，其溶胀能力、机械性能和力学性能等都有所提高；陈晓涵和庞杰（2021）则通过具有高表面密度的壳聚糖-富里酸微粒诱导 KGM 与微粒分子之间的氢键相互作用，制备了一系列结构致密的 KGM 复合水凝胶；Li 等（2015）用天然聚合物 KGM 和聚丙烯酰胺反应合成了一种自愈能力强、高抗拉强度和高伸长率的复合水凝胶，满足对材料的功能性要求；刘子奇等（2018）将 α-CE 和 KGM 复配，使二者通过分子间氢键作用力及物理缠结作用协同增效，得到热稳定性好、综合性能优良的复合水凝胶；另有研究报道，将 KGM 与黄蓍胶、黄原胶、卡拉胶、果胶等天然高分子在特定条件下共混也可形成凝胶，这种复合水凝胶的制备不仅高效快捷，而且天然无毒害。

2. 碱诱导 KGM 水凝胶化

KGM 主链上携带的乙酰基使其在水中有很好的溶解性能，因此需要在碱性条件下脱乙酰才可以转变为性能稳定的凝胶。早期的研究表明，随着脱乙酰度的增加, KGM 水凝胶的疏水性增强, 而氢键减弱; 并且在特定的碱浓度下, 具有较高乙酰化度的水性 KGM 分散体形成更有弹性的水凝胶。于是, 刘子奇等 (2018) 在研究中采用不同浓度的碱对 KGM 进行脱乙酰处理, 发现随着碱浓度的增加, Na_2CO_3 和 K_2CO_3 诱导的 KGM 水凝胶的硬度、弹性、咀嚼性、胶着性和储能模量均有所改善。Solo-de-Zaldívar 等 (2014) 也研究了在不同温度下用 KOH 和 NaOH 脱乙酰化的 KGM 水凝胶的热稳定性, Jian 等 (2015) 则研究了在不同 pH 下脱乙酰化的变化导致 KGM 水凝胶流变学性能和胶体性质之间的差异。

3. 冷冻处理

水凝胶含有大量的水, 冷冻处理将诱导冰晶的形成, 从而促进 KGM 聚合物结构排列的变化。已有不少研究报道了使用冷冻干燥方法生产的 KGM 水凝胶的应用, 但其中只有少数研究分析了冷冻在 KGM 水凝胶合成中的作用。Solo-de-Zaldívar 等 (2014) 分析了长期冷冻的 KGM 水凝胶的高静水压和脱乙酰化的效果, 并观察到高压改善了冷冻的天然 KGM 水凝胶的力学性能, 而当 KGM 脱乙酰化时, 这种效果不太明显; Genevro 将 KGM 水凝胶以不同的冷冻速率和温度冷冻, 结果表明, 冷冻速率是影响 KGM 水凝胶最终物理性能的最重要因素。此外, 在高温下冷冻的水凝胶比在低温下冷冻的水凝胶表现出更高的穿透模量。以上各种研究均表明, KGM 水凝胶经过冷冻处理后, 具有良好的结构和力学性能。

4. 热效应

当天然 KGM 在碱性条件下去除乙酰基制备成凝胶时, 会导致其螺旋结构的消失, 形成热不可逆型凝胶, 通过确定该过程的焓变参数、颜色和凝胶强度值观察得出结果: 凝胶的熔解温度表现为凝胶的热敏行为, 即当 KGM 水凝胶具有更高的热稳定性时, 其结构更加致密稳定, 热敏行为更高。

11.2　基于魔芋葡甘聚糖水凝胶的导电水凝胶实现方法

11.2.1　导电水凝胶结构稳定性分析

水凝胶是一种由亲水性聚合物和三维网络组成的黏弹性材料, 根据不同的键接方式可以分为化学交联和物理交联。水凝胶可以吸附和保留大量的水, 在生物医学、电气工程、食品工业、环境等领域得到了广泛的研究。作为柔性传感器的潜在材料, 水凝胶因其优异的延展性、柔韧性、生物相容性和可生物降解等优点而备受关注。然而, 生物基水凝胶的拉伸性能差和电导率低, 无法用于软驱动、可穿戴电子设备和组织工程, 需要改进。为了解决这些缺点, 人们不断努力通过构建双网络或引入纳米材料来增强水凝胶的力学性能。

将纳米结构结合到水凝胶中可以调整它们的物理和化学性质，包括孔隙率、机械强度、热稳定性、生物相容性、表面积和导电率。有各种类型的纳米填料可以被引入水凝胶中，包括金属纳米颗粒、碳基纳米颗粒、核壳纳米颗粒、二氧化硅纳米颗粒、纳米片和聚苯胺纳米纤维。这些填料可以通过多种方法加入水凝胶网络，如物理混合和静电相互作用。水凝胶的纳米填料类型的选择取决于预期的传感器应用。例如，金属纳米颗粒的掺入可以提高水凝胶的导电性，从而使其非常适合应用于生物传感器和电子皮肤。通过将特定的反应纳米颗粒加入水凝胶中，它们可以对各种刺激如温度和光表现出响应性。此外，荧光纳米颗粒的引入可以使水凝胶具有荧光变色特性。

因此，为了赋予导电混合凝胶良好的性能，必须保证聚合物网络与导电添加剂之间稳定、强的结合。可拉伸性和耐磨性是实际导电水凝胶基设备的关键，为了精确地将人体运动转化为电信号，水凝胶必须表现出良好的符合性和对人体皮肤或生物组织的黏附性。

11.2.2　导电水凝胶的传感性能分析

水凝胶因其独特的柔韧性、可拉伸性、韧性、自愈合性、黏附性和生物相容性等特性，被广泛应用于软传感器、智能传感器和可穿戴传感器的开发。这些传感器在监测人类运动信号、疾病和环境条件方面发挥着关键作用，推动我们走向一个更健康、更知情、更智能的时代。水凝胶的力学性能、电子性能和功能设计都有助于实现这些目标。水凝胶作为传感器，在不同的应用中可以根据其传感原理进行分类，这些传感器包括机械传感器、电化学生物传感器、荧光颜色传感器、光电传感器和温度传感器。每一种应用都突出了水凝胶在不同传感领域的多功能性。

KGM 是一种从魔芋中提取的大分子多糖，具有乙酰基、丰富的氢键，分子量为 200～2000kDa。得益于其分子特性，KGM 可以赋予水凝胶优异的亲水性、生物相容性和柔韧性。Li 等（2015）用 KGM 模板合成由多孔 NiO 纳米片组装的三维 NiO 纳米结构，使用硫化氢、氨、一氧化碳和氢气等多种还原气体系统研究了多孔 NiO 结构的气体传感器特性。结果表明，多孔 NiO 纳米片在低浓度下对硫化氢的检测效果较好，具有快速响应和恢复的特点。Chen 等（2022）以卡拉胶和 KGM 为水凝胶基质，锂和静电纺 PANI 导电纤维为导电介质，制备了生物互穿网络水凝胶。通过拉伸、流变、溶胀和电导率测试对水凝胶进行了表征。所制备的水凝胶的拉伸强度和电导率分别为 239.26kPa 和 7261μS/cm。结果表明，所制备的水凝胶具有良好的力学性能和导电性。此外，由水凝胶制成的传感器可以准确监测食指、肘部、手腕和膝盖的应变信号。因此，KKLN（导电、可拉伸和稳定）水凝胶的制备方式为生物质基导电水凝胶提供了一种新的制备方法，该材料具有在电子领域作为柔性可穿戴传感器的潜力。

11.3 线性回归算法

11.3.1 线性回归算法概述

线性回归算法是一种利用数理统计中的回归分析，来确定两种或两种以上变量间相互依赖的定量关系的一种统计分析方法，应用十分广泛。线性回归算法的基本思想是：给定一组数据点，找到一条直线或者一个超平面，使得这些数据点到直线或者超平面的距离之和最小。

线性回归算法的表达形式为

$$y = wx + e \tag{11-1}$$

其中，y 为要预测的因变量；x 为输入的自变量；w 为特征的权重；e 为误差（服从均值为零的正态分布）。

线性回归可以分为一元线性回归和多元线性回归。一元线性回归只用一个自变量来预测因变量，多元线性回归用多个自变量的线性组合来预测因变量。线性回归算法在拟合数据时，需要考虑拟合误差或损失函数。拟合误差或损失函数是衡量回归模型误差的函数，也就是选取出最优拟合所需的评价标准。这个值越小，说明模型拟合效果越好。常用的损失函数是残差平方和或均方误差。

残差平方和或均方误差的公式为

$$Q = \sum \left(y_i - \hat{y}_i \right)^2 = \sum \left[y_i - \left(\beta_0 + \beta_1 \right) \right]^2 \tag{11-2}$$

其中，y_i 是实际观测值；$\hat{y}_i$ 是预测值；β_0 和 β_1 是参数。

为了使残差平方和或均方误差最小化，需要对参数进行估计。常用的参数估计方法是最小二乘法。最小二乘法就是试图找到一条直线或一个超平面，使得所有样本到直线或超平面上的欧氏距离之和最小。最小二乘法可以通过求解导数为零时的参数值来得到解析解。

这条直线可以表示为

$$y = \beta_0 + \beta_1 x_1 + \beta_2 x_2 + \cdots + \beta_d x_d \tag{11-3}$$

其中，β_0 是截距；$\beta_1, \beta_2, \cdots, \beta_d$ 是对应于自变量 $x_1, x_2, \cdots, x_d$ 的斜率参数。

11.3.2　线性回归算法原理

线性回归是一种用于建立变量之间线性关系的统计模型，它使用了一组自变量（输入特征）和一个因变量（输出），找到一条最佳拟合直线，通过拟合最佳拟合直线来预测因变量的值，使得该直线与观测数据之间的误差最小。

下面是线性回归算法的使用步骤。

1. 数据准备

收集包含自变量和因变量的训练数据集，每个训练样本都有一个自变量（通常表示为 X）和对应的因变量（通常表示为 Y）。

2. 参数初始化

线性回归模型包含一组权重参数（θ）和一个偏置项（b）。初始化这些参数为零或随机值。

3. 模型训练

通过最小化损失函数来拟合模型，在线性回归中，常用的损失函数是均方误差，它衡量实际观测值与模型预测值之间的平方误差和，目标是找到一组参数 θ 和 b，使得均方误差最小。

4. 参数更新

使用优化算法（如梯度下降）来更新模型参数以减少损失。梯度下降通过计算损失函数的梯度，沿着负梯度的方向更新参数。重复迭代此步骤直到收敛。

5. 模型评估

使用测试数据集评估训练好的模型的性能。常见的评估指标包括均方误差、平均绝对误差等。

线性回归算法的优点包括简单易懂、计算效率高、可解释性强。然而，它也有一些限制，例如，它假设自变量和因变量之间存在线性关系，忽略了非线性关系的影响。

假设有一个包含 n 个观测样本的训练数据集，其中每个样本由 d 个自变量和一个因变量组成。可以将自变量表示为 $x = (x_1, x_2, \cdots, x_d)$，因变量表示为 y。

线性回归模型的目标是找到一条最佳拟合直线来表示自变量与因变量之间的关系。

可以使用最小二乘法来估计回归系数。最小二乘法的目标是使观测值与模型预测值之间的残差平方和最小化。残差定义为观测值与模型预测值之间的差，其

表达式为

$$\varepsilon = y - \left(\beta_0 + \beta_1 x_1 + \beta_2 x_2 + \cdots + \beta_d x_d \right) \tag{11-4}$$

为了最小化残差平方和，需要求解以下方程组，称为正规方程：

$$\partial\left(\varepsilon^2\right) / \partial\beta_0 = 0$$
$$\partial\left(\varepsilon^2\right) / \partial\beta_1 = 0$$
$$\vdots$$
$$\partial\left(\varepsilon^2\right) / \partial\beta_d = 0$$

通过求解这个方程组，可以得到回归系数的估计值。解的表达式为

$$\hat{\beta} = (x^{\mathrm{T}}x)^{-1}x^{\mathrm{T}}y \tag{11-5}$$

其中，x 是一个 $n\times(d+1)$ 的向量，每一行都是一个观测样本的自变量值，第一列为常数项 1；y 是一个 $n\times1$ 的向量，包含观测样本的因变量值。

一旦获得了回归系数的估计值，就可以使用模型进行预测。给定一个新的自变量 x_new，预测值 y_pred 可以通过式（11-6）计算：

$$y\_pred = \hat{\beta}_0 + \hat{\beta}_1 \cdot x\_new_1 + \hat{\beta}_2 \cdot x\_new_2 + \cdots + \hat{\beta}_d \cdot x\_new_d \tag{11-6}$$

这就是线性回归算法的数学原理，它通过最小化残差平方和来拟合最佳直线，并使用该直线进行预测。

11.3.3　线性回归算法在魔芋葡甘聚糖水凝胶稳定性中的应用

相关性分析可以帮助人们初步了解两个变量之间的关系强度和方向。通过计算相关系数，如皮尔逊相关系数，可以得到一个值来衡量变量之间的线性相关程度。若相关系数接近于 1 或 -1，则表明存在较强的线性关系；若相关系数接近于 0，则表示两个变量之间没有线性关系。而线性回归算法进一步基于变量之间的线性关系建立模型。通过最小化预测值与实际观测值之间的误差，线性回归算法确定了最佳拟合直线或超平面，来描述自变量和因变量之间的线性关系。线性回归模型可以用于预测新的因变量值，或者对变量之间的关系进行建模和推断。

在实际应用中，相关性分析常常被用作线性回归模型构建的前处理步骤。相关性分析可以帮助人们筛选出与因变量高度相关的特征，以减少模型的复杂度和多重共线性问题。通过相关性分析，可以选择具有较强相关性的自变量作为线性回归模型的输入，从而提高模型的预测能力。因此，相关性分析和线性回归算法在实际应用中常常结合使用，相互补充，以帮助人们理解和建模变量之间的关系。

有学者选择了两种不带电的 AR（刚性链）和 KGM（延展性链）作为双网络凝胶的原料，开发具有增强力学性能的水凝胶以模仿牛肚的质地。为分析水凝胶样品与牛肚的相关性，基于断裂应力、断裂应变、硬度、弹性、咀嚼性、穿刺力、WHC（持水力）、SR（平衡溶胀率）结果进行相关性分析。结果表明 AR/KGM 水凝胶与牛肚具有良好的相关性（相关系数大于 0.85）。

参 考 文 献

陈晓涵, 庞杰. 2021. 魔芋葡甘聚糖和壳聚糖-富里酸纳米颗粒组成的 pH 值响应性水凝胶的制备. 食品科学, 42(12): 8-16.

樊李红, 易嘉琰, 童骏, 等. 2016. 羟丙基壳聚糖/氧化魔芋/氧化石墨烯水凝胶的制备及表征. 武汉大学学报(理学版), 62(4): 361-367.

刘子奇, 王林, 王维海, 等. 2018. α-纤维素/魔芋葡甘聚糖复合水凝胶的制备及其性能. 精细化工, 35(7): 1131-1135, 1143.

Chen J, Wang X H, Dao L P, et al. 2022. A conductive bio-hydrogel with high conductivity and mechanical strength via physical filling of electrospinning polyaniline fibers. Colloids and Surfaces A: Physicochemical and Engineering Aspects, 637: 128190.

Jian W J, Siu K C, Wu J Y. 2015. Effects of pH and temperature on colloidal properties and molecular characteristics of Konjac glucomannan. Carbohydrate Polymers, 134: 285-292.

Li Z Y, Su Y L, Xie B Q, et al. 2015. A novel biocompatible double network hydrogel consisting of konjac glucomannan with high mechanical strength and ability to be freely shaped. Journal of Materials Chemistry B, 3(9): 1769-1778.

Solo-de-Zaldívar B, Tovar C A, Borderías A J, et al. 2014. Effect of deacetylation on the glucomannan gelation process for making restructured seafood products. Food Hydrocolloids, 35: 59-68.

Zheng Z S, Molotch N P, Oroza C A, et al. 2018. Spatial snow water equivalent estimation for mountainous areas using wireless-sensor networks and remote-sensing products. Remote Sensing of Environment, 215: 44-56.

第 12 章

K 最近邻算法在预制菜中的应用

12.1　预制菜产业概述

12.1.1　预制菜定义及分类

1. 预制菜的定义

中国烹饪协会 2022 年 6 月发布的《预制菜》团体标准明确定义：预制菜是以一种或多种农产品为主要原料，运用标准化流水作业，经预加工（如分切、搅拌、腌制、滚揉、成型、调味等）或预烹调（如炒、炸、烤、煮、蒸等）制成，并进行预包装的成品或半成品菜肴。

2. 预制菜的分类

预制菜的加工、调理程度由浅至深，食用便捷程度由低到高，从加工程度和食用方式来看，预制菜可分为即配食品、即烹食品、即热食品、即食食品四大类，如表 12-1 所示。

1）即配食品

即配食品指经过筛选、清洗、分切等初步加工，按份封装的净菜，需要自行烹饪和调味才可食用，面向 B 端（企业或商家，包括食品加工厂、餐饮外卖店等）、C 端（指的是个人用户，包括消费者和家庭）。

2）即烹食品

即烹食品指经过一定加工后按份分装的食材，入锅经过翻炒、复蒸等烹饪流程，按需加入搭配的调料包后即可食用，属于半成品菜范畴，面向 B 端、C 端，如冷藏牛排、冷藏宫保鸡丁、冷藏咕噜肉等。

3）即热食品

即热食品指经过热水浴或微波炉加热后即可食用的食品，通常冷冻或常温保存，多在便利店、商超、新零售等渠道可见，如速冻水饺、便利店快餐、方便面、自热火锅等。

4）即食食品

即食食品指开封后即可食用的预制调理食品，面向 C 端零售为主，如即食凤爪、牛肉干、八宝粥、罐头、卤味鸭脖等。

表 12-1　预制菜加工程度和食用方式分类

分类	示例	渠道	代表企业
即配食品		B 端、C 端	盒马、叮咚、永辉
即烹食品		B 端、C 端	味知香、珍味小梅园、好得睐
即热食品		B 端、C 端	安井食品、海底捞、康师傅
即食食品		C 端	银鹭、有友食品

注：从上至下加工程度依次降低。

净菜、调理肉制品、料理包等发展迅速，可统称为"狭义预制菜"，如图 12-1 所示。由于预制菜的定义尚不明确，故仅以上述国内预制菜发展历程中的即配型净菜、即烹型调理肉制品和即热型料理包等作为一种划分方式，这也是预制菜子品类中在中国发展较快的三类（赵超凡等，2023）。

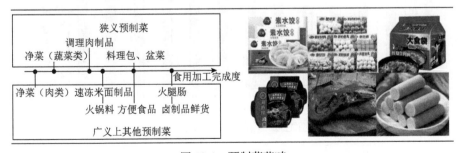

图 12-1　预制菜范畴

广义上另有较多品类也可划入预制菜。由于预制菜的主要功能是简化餐饮的制作流程，完成了从食材到食品中间的部分或全部加工工序。按照这个标准进行划分，广义上有很多品类也能够算作预制菜，如艾媒咨询和澎湃新闻、经济观察报等咨询和媒体机构将一些传统的食品，如速冻米面、速冻火锅料、方便食品、卤味甚至罐头和火腿肠都划入预制菜的范畴。

12.1.2　预制菜产业的发展史

1. 国际预制菜发展情况

在20世纪40年代，预制菜诞生于美国。80年代后，传入日本、欧洲等地区，在这些地区日渐兴起和流行，并开始对中餐餐饮市场产生影响。

1）预制菜起源地美国

美国预制菜起源于20世纪40年代，至今已进入成熟期。美国冷冻食品行业共经历三阶段，1942～1957年美国冷冻食品受第二次世界大战军队需求迎来高速发展期，在政府的支持引导下，冷冻食品迅速完成从军需到市场化的推广，在此期间预制食品也随之快速增长，到1957年占整体行业比重达9%。1958～1977年美国餐饮行业在连锁化率的提升下迅速扩容，60年代美国人均国内生产总值（gross domestic product，GDP）持续攀升，B、C两端需求旺盛持续推动冷冻食品行业增长。1977年之后连锁餐饮行业进入存量竞争时代，整体行业增速逐渐放缓，根据欧睿国际统计，2011～2021年美国预制食品行业复合增速为4.2%，从产品种类、生产技术、产业组织等方面表现特征来看，行业已进入成熟期（宗义湘，2023），其发展状况如图12-2所示。

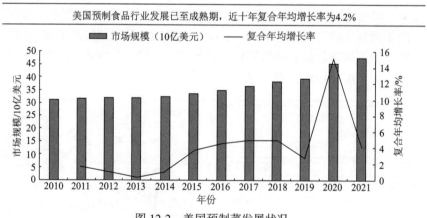

图 12-2　美国预制菜发展状况

兼并收购是美国预制菜企业做大做强的必经之路。以SYSCO公司为例，其于1969年成立，1970年上市。公司上市后开启收购兼并之路，大幅扩充产品类别。1970年，SYSCO并购了婴儿食品配送公司Arrow Food Distributor；1976年，收购 Mid-Central Fish and Frozen Foods Inc 以扩充农产品品类，并于 1981 年成为美国最大的食品服务公司。1984 年收购 PYA Monarch 旗下三家公司，随后收购当时全美第三大食品配送公司 CFS Continental。之后公司不断进行收购活动向上游原料产业延伸，扩大冷冻产品配送业务，并进军大型连锁商超。21 世纪起 SYSCO逐渐并购国际食品分销商；2016 年，以 21 亿美元成功收购了英国同行 Brakes，进一步扩展全球业务版图。SYSCO 在半个世纪的并购过程中，年销售额从 1970年 1.15 亿美元增长至 2021 年 512.98 亿美元，年复合增长率为 12.71%。

　　向上下游延伸，打造预制菜全产业链布局。SYSCO 之所以选择通过无限并购来开疆拓土并不是盲目扩张，从公司选择收/并购标的企业的业务特性与目标客户来看，都具有相似性或互补性，能够在企业融合后补充产业链或产品端的空白，最终打通上下游产业链。另外，SYSCO 通过自建物流方式加强供应链管理能力，减少生鲜运输过程中产生的损耗，同时也能通过多区域配送平台高效作业。

　　2）市场集中度高的日本

　　日本预制菜行业诞生于 20 世纪 50 年代，1999 年后进入成熟阶段。日本速冻食品诞生于 1920 年，但直到 1964 年东京奥运会食堂使用速冻食品加工烹饪后酒店和餐饮企业才逐渐开始采购速冻食品，B 端市场被迅速打开，使得行业进入快速发展时期。1965 年，日本电冰箱普及率超 50%，速冻食品进入千家万户成为餐桌上的美食。1990 年，日本冷冻食品产量突破 100 万 t 大关，其间日本经济高速发展，城镇化率也逐渐提高至 75%以上。但在 1999 年日本签订"广场协议"后，经济泡沫危机让日本经济陷入停滞，城镇化率也基本维持稳定，冷冻食品生产总量快速增长的势头被拉住，日本速冻行业进入成熟阶段，其发展状况如图 12-3 所示。

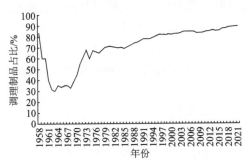

图 12-3　日本预制菜发展状况

　　日本速冻行业集中度较高，行业格局呈现出垄断竞争，CR5（行业中前 5名的企业占据的市场份额）达到 70%以上。日本预制菜企业发展先是着力于产品销售全国化铺开，而后便开始产业链上下游一体化、业务产品横向研发创新方向发展。在 20 世纪 90 年代后期 2B（B 指代的是企业，2B 市场针对的是企业的市场）市场停滞发展后，具有牢固渠道优势的 B 端企业在市场份额缩小的过程中逐渐提升了品牌市场占有率。另外一些能够抓住 C 端新需求的企业也在行业洗牌中壮大发展，市场集中度不断提升，目前龙头企业市场份额已趋于稳定，CR5 高达 79%。

日本预制菜行业在 B 端市场起步，发展速度变化与餐饮业基本相同。日本速冻产品首先在 B 端打入餐饮市场，企业以服务酒店、食堂、学校等餐饮场景为主。在 B 端市场开拓的过程中，餐饮市场食材标准化进程加快步伐，在 20 世纪 70～90 年代经历快速增长后 B 端市场增长迎来转折点，市场份额逐年收缩，最终于 2010 年左右餐饮端市场总额暂停下降趋势并稳定发展。在 B 端发展过程中发现餐饮端行业从起步到快速发展直至成熟的变化趋势及速冻食品整体行业发展趋势与关键时间点基本吻合。

随着消费者认知提升，日本预制菜 C 端发挥潜力。C 端市场在 1990 年左右 B 端发展滞缓后，家庭端消费需求逐渐被挖掘，成为行业新的长期增长点，但 C 端的持续扩容并未深刻影响速冻行业发展周期，日本速冻行业在 2000 年左右增长乏力，最终步入成熟期。日本 2021 年预制食品 B 端、C 端占比为 5 : 5。

2. 国内预制菜发展情况

随着国际快餐巨头进入中国，B 端标准化的打造催生需求，C 端在餐饮端渗透及疫情催化下，加速培育需求。20 世纪 90 年代后随着麦当劳、肯德基等快餐店进入，我国开始出现净菜配送加工厂。2000 年后深加工半成品菜企业开始涌现，但由于条件不成熟，行业整体发展仍较为缓慢。2014 年之后，随着餐饮企业降本增效需求增加与外卖的爆发式增长，B 端预制菜步入放量期。2020 年，因疫情阻断 B 端消费，餐厅主动将菜品以半成品形式售卖，加上"宅家消费"爆发，直接催化了 C 端消费者需求，预制菜发展步入快车道。对比人均 GDP 水平，当下中国类似 80 年代的日本，餐饮业快速发展，预制菜处于加速渗透的黄金时期，增长可看长远（王娟等，2023）。

1）萌芽期（20 世纪 90 年代）

随着百盛、麦当劳等国际快餐连锁巨头进入中国，净菜配送加工工厂作为其成熟标准化供应链的一环在中国出现，我国预制菜行业进入萌芽期。

2）起步期（2000～2010 年）

2000 年左右，国内一些企业在净菜的基础上对禽肉和水产等原材料进行加工，预制菜深加工程度逐步提高；2005 年起，新雅、全聚德等老字号餐饮门店已推出各自特色预制菜品，但碍于技术限制和口味区域化程度较高，规模化和全国化进程受阻。

3）发展期（2011～2013 年）

2011 年起，餐饮市场连锁化进程加快，为满足连锁餐饮企业对出餐快速性和餐品稳定性的需求，叠加人工成本快速上升的催化，预制菜在 B 端的需求逐步打开。

4）加速期（2014～2019 年）

2014 年外卖行业迅速兴起。除了折扣力度，配送速度也成为吸引消费者的重要因素。因此，外卖商家对低成本、高效率地完成品质稳定的餐品的诉求再一次扩大了预制菜在 B 端餐企中的需求，预制菜行业进入 B 端快速增长期。与此同时，随着社会节奏的加快和消费习惯的变化，预制食品逐渐受到 C 端消费者的青睐，盒马鲜生、安井食品等企业着手布局 C 端预制菜。

5）机遇期（2020 年至今）

2020 年疫情突发，内食场景大大增加，消费者对于具备方便快捷属性的预制菜的需求逐渐增加，2021 年以来，疫情的点状反复也进一步加速了对 C 端消费的培育。

12.1.3　预制菜产业现状

1. 国内预制菜正处蓝海阶段，行业集中度亟待提升

一方面，我国预制菜渗透率与美国和日本仍有较大差距，如图 12-4 所示，国内预制菜渗透率仅 10%～15%，预计 2030 年增至 15%～20%；而美国、日本预制菜渗透率已达 60% 以上。36 氪研究院显示，2021 年我国预制菜总消耗量达 174.72 万 t，人均预制菜消费量仅为 8.9kg，远低于日本的 23.59kg；立鼎产业研究网显示，2020 年我国预制菜规模占餐饮行业规模比仅为 1.11%，远低于日本的 14.61%，美国的 9.44%。另一方面，当前预制菜行业参与者众多，规模小，行业集中度较低，规模化企业较少，尚未出现行业龙头企业。我国预制菜行业 CR10 仅为 14.23%，而日本预制菜行业 CR5 达 64.04%；美国预制菜龙头企业 SYSCO 市场占有率达 16%。

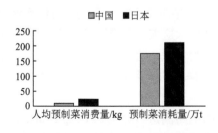
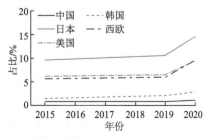

图 12-4　我国预制菜情况与其他国家和地区的对比

2. 产业链集合度低

预制菜上游原材料众多，涉及蔬果、肉制品、水产品等农产品以及调味品，中游加工企业流派众多，同时下游兼顾 B、C 渠道，细分来看，渠道结构多元化程度较高，其产业链集合度情况如图 12-5 所示。

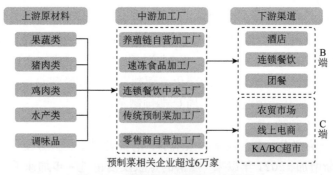

图 12-5　预制菜产业链集合度情况

3. 口味多元+产能布局尚未全国化，区域性较强

我国地大物博、人口众多，各地区口味不一，催生出多种地方菜系，标准化难度较高。同时预制菜主要依靠冷链运输，而当前相关企业规模尚小，全国化产能布局尚未完成。产能布局和冷链运输具有限制，叠加口味区域化特征，目前预制菜企业主要覆盖部分地区，行业内尚未出现全国性龙头（赵靓琳，2021）。

12.2　K 最近邻算法在预制菜产业发展中的应用

12.2.1　K 最近邻算法概述

K 最近邻算法是 1967 年由 Cover 和 Hart 提出的一种基本分类与回归方法，是一个理论上比较成熟的方法，也是最简单的机器学习算法之一。K 最近邻算法，就是给定一个训练数据集，对新的输入实例，在训练数据集中找到与该实例最邻近的 K 个实例（也就是上面所说的 K 个邻居），这 K 个实例的多数属于某个类，就把该输入实例分类到这个类中。该方法的思路是：在特征空间中，如果一个样本附近的 K 个最近（即特征空间中最邻近）样本的大多数属于某一个类别，则该样本也属于这个类别（郝敬坤，2018）。

K 最近邻算法通过测量不同特征值之间的距离进行分类（Zheng et al., 2018），思路是：如果一个样本在特征空间中的 K 个最邻近的样本中的大多数属于某一个类别，则该样本也划分为这个类别。K 最近邻算法中，所选择的邻居都是已经正确分类的对象。该算法在定类决策上只依据最邻近的一个或者几个样本的类别来决定待分样本所属的类别。假定所有的实例对应于 N 维欧氏空间 $\hat{A}_N$ 中的点，通过计算一个点与其他所有点之间的距离，取出与该点最近的 K 个点，然后统计这 K 个点里面所属分类比例最大的点，这个点就属于该分类。

下面以分类样本 x_m 为例对 K 最近邻算法的计算步骤进行描述：假设训练样本的数据集为 $U=\{(x_i, c_i) \mid i = 1,2,\cdots,N\}$，假定 $C=\{c_j \mid j = 1,2,\cdots,M\}$，其中训练集样本中 x_i 为 p 维列向量，c_i 为 x_i 所对应的类别标签。K 最近邻算法的流程简述如下。

1. 计算距离

根据上面的假设，将欧氏距离作为衡量标准，计算出待分类样本 x_m 和其他样本间的欧氏距离。计算公式为

$$\mathrm{dis}(x_m - x_i) = \sqrt{(x_m - x_i)^{\mathrm{T}}(x_m - x_i)} \tag{12-1}$$

2. 确定最近邻参数 K

找出距离待分类样本最近的 K 个近邻，假设集合 $D_m = \{(x_{mt}, c_{mt}) \mid t =1,2,\cdots, K\}$，其中 x_{mt} 表示待分类样本 x_m 的第 $t(1 \leqslant t \leqslant K)$ 个最近邻样本，c_{mt} 为 x_{mt} 所对应的类别。

3. 根据规则决策

根据 D_m 集合中计算得到的 K 个最邻近样本的类别进行投票，假设投票结果为 $v =[v_1,\cdots,v_i,\cdots,v_m]$，最终将投票结果按照少数服从多数的原则进行决策，决策规则如下：

$$c(x_m) = \arg\max(v_i) \tag{12-2}$$

与其他分类算法对比，K 最近邻算法同样分为两个阶段：模型训练和测试数据预测。在模型训练阶段，K 最近邻算法只涉及为给定的训练数据集找到合适的 K，最常见的方法是交叉验证。在测试数据预测阶段，第一步是在训练数据集中搜索与查询（测试数据/样本）最相关的 K 个数据点。如果没有其他信息，K 个最相关的数据点将被视为训练数据集中测试数据的 K 个最近邻。在此之后，根据 K 个邻居中最常出现的测试数据类别进行预测，称为多数规则（类似于贝叶斯规则）（Zhang，2022）。

12.2.2　*K* 最近邻算法原理

1. 工作原理

存在一个样本数据集合，也称为训练样本集，并且样本集中每个数据都存在

标签，即知道样本集中每一个数据与所属分类的对应关系。输入没有标签的新数据后，将新的数据的每个特征与样本集中数据对应的特征进行比较，然后算法提取样本最相似数据（最近邻）的分类标签。一般来说，只选择样本数据集中前 K 个最相似的数据，这就是 K 最近邻算法中 K 的出处，通常 K 是不大于 20 的整数。最后，选择 K 个最相似数据中出现次数最多的分类，作为新数据的分类。

K 最近邻算法本身简单有效，它是一种 lazy-learning 算法，分类器不需要使用训练集进行训练，训练时间复杂度为零。K 最近邻算法分类的计算复杂度和训练集中的文档数目成正比，也就是说，如果训练集中文档总数为 n，那么 K 最近邻算法的分类时间复杂度为 $O(n)$（陈凯，2013）。K 最近邻算法虽然从原理上也依赖于极限定理，但在类别决策时，只与极少量的相邻样本有关。由于 K 最近邻算法主要靠周围有限的邻近的样本，而不是靠判别类域的方法来确定所属类别，因此对于类域交叉或重叠较多的待分样本集，K 最近邻算法较其他算法更为适合。

2. 基本要素

K 值的选择、距离度量和分类决策规则是该算法的三要素，其具体内容描述如下：

（1）K 值的选择会对算法的结果产生重大影响。K 值较小意味着只有与输入实例较近的训练实例才会对预测结果起作用，但容易发生过拟合；如果 K 值较大，优点是可以减少学习的估计误差，但缺点是学习的近似误差增大，这时与输入实例较远的训练实例也会对预测起作用，使预测发生错误。在实际应用中，K 值一般选择一个较小的数值，通常采用交叉验证的方法来选择最优的 K 值。随着训练实例数目趋向于无穷和 $K=1$，误差率不会超过贝叶斯误差率的 2 倍，如果 K 值也趋向于无穷，则误差率趋向于贝叶斯误差率。

（2）该算法中的分类决策规则往往是多数表决，即由输入实例的 K 个最邻近的训练实例中的多数类决定输入实例的类别。

（3）距离度量一般采用 L_p 距离，当 $p=2$ 时，为欧氏距离，在度量之前，应该将每个属性的值规范化，这样有助于防止具有较大初始值域的属性比具有较小初始值域的属性的权重过大（陈凯，2013）。

K 最近邻算法不仅可以用于分类，还可以用于回归。通过找出一个样本的 K 个最近邻居，将这些邻居的属性的平均值赋给该样本，就可以得到该样本的属性。更有用的方法是将不同距离的邻居对该样本产生的影响给予不同的权值（weight），如权值与距离成反比。该算法在分类时有个主要的不足：当样本不平衡时，如一个类的样本容量很大，而其他类样本容量很小，有可能导致当输入一个新样本时，该样本的 K 个邻居中大容量类的样本占多数。该算法只计算"最近的"邻居样本，某一类的样本数量很大，可以采用权值的方法（和该样本距离小的邻居权值大）来改进；该方法的另一个不足之处是计算量较大，因为对每一个待分类的文本都要计算它到全体已知样本的距离，才能求得它的 K 个最近邻点。该算法比较适用于样本容量比较大的类域的自动分类，而那些样本容量较小的类域采用这种算法比较容易产生误分（陈凯，2013）。

3. 其他要素

K 最近邻算法的关键在于 K 值的选择，其主要体现在以下几个方面：

（1）如果 K 值太小就意味着整体模型变得复杂，容易发生过拟合，即如果邻近的实例点恰巧是噪声，预测就会出错，极端的情况是 K=1，称为最近邻算法，对于待预测点 x，与 x 最近的点决定了 x 的类别。

（2）K 值的增大意味着整体的模型变得简单，极端的情况是 K=N，那么无论输入实例是什么，都简单地预测它属于训练集中最多的类，这样的模型过于简单。经验是，K 值一般取一个比较小的值，通常采取交叉验证的方法来选取最优的 K 值。K 最近邻算法的优点：算法简单，理论成熟，可用于分类和回归；对异常值不敏感；可用于非线性分类；比较适用于容量较大的训练数据，容量较小的训练数据则很容易出现误分类情况；K 最近邻算法原理是根据邻域的 K 个样本来确定输出类别，因此对于不同类的样本集有交叉或重叠较多的待分样本集，K 最近邻算法较其他方法更为合适。K 最近邻算法的缺点：时间复杂度和空间复杂度高；训练样本不平衡，对稀有类别的预测准确率低；相比于决策树模型，K 最近邻模型可解释性不强（刘汉旭，2020）。

12.2.3　K 最近邻算法在预制菜产业发展预测中的应用

随着科技的发展，人工智能在餐饮业的发展势头如火如荼，尤其是在预制菜领域，其应用正以惊人的速度拓展着市场。现如今，以 ChatGPT 等大模型为代表的人工智能技术在餐饮业中发挥着巨大的作用，为预制菜行业带来了新的机遇。

K 最近邻算法应用于预制菜行业将会是一个有利的发展方向。K 最近邻算法可应用于食谱，通过收集数据库，结合消费者的定制化需求，帮助预制菜的生产厂商生成各种各样的菜谱，降低厂家的试错成本或者实验成本。另外，可以在私域内对海量的采购商或潜在客户进行定向拓展、精准管理和实时互动。

通过 K 最近邻算法筛选出大众喜欢的口味，对不同人群制定出专属的预制菜品，需要收集大量的数据，对不同年龄的人群、不同地区的人群、不同职业的人群等，搭配出符合所需求的这一人群满足的预制菜。此外，对预制菜加工厂家降低了生产成本，能够制作出更多符合大众喜欢的预制菜口味。

参 考 文 献

陈凯. 2013. 基于视觉信息分析的图像和视频理解及检索. 上海: 复旦大学.

郝敬坤. 2018. 链接数据中对象的类型预测. 南京: 东南大学.

刘汉旭. 2020. 污损硬币的分类与检测方法研究. 长春: 吉林大学.

王娟, 高群玉, 娄文勇. 2023. 我国预制菜行业的发展现状及趋势. 现代食品科技, 39(2): 99-103.

赵超凡, 陈树俊, 李文兵, 等. 2023. 预制菜产业发展问题分析. 现代食品科技, 39(2): 104-109.

赵靓琳. 2021. 预制菜行业现状及问题研究. 现代营销(经营版), (9): 146-147.

宗义湘. 2023. 预制菜产业发展的国外经验及贸易前景. 中国外资, (7): 33.

Zhang S C. 2022. Challenges in KNN classification. IEEE Transactions on Knowledge and Data Engineering, 34(10): 4663-4675.

Zheng Z S, Molotch N P, Oroza C A, et al. 2018. Spatial snow water equivalent estimation for mountainous areas using wireless-sensor networks and remote-sensing products. Remote Sensing of Environment, 215: 44-56.